中国科学院科学出版基金资助出版

无线电能传输原理

Principle of Wireless Power Transmission

张 波 黄润鸿 疏许健 著

科学出版社

北 京

内 容 简 介

无线电能传输是人类的一个梦想。100 多年前，伟大的发明家尼古拉·特斯拉开启了对无线电能传输的探索。2006 年，麻省理工学院的学者提出了谐振无线电能传输的机理，使中距离的无线电能传输成为可能，这再一次激发了人们对无线电能传输技术研究的热潮。目前，企业界对无线电能传输技术的热忱远高于学术界，多种技术和产品标准相继制定，手机无线充电器、电动汽车无线充电桩已有产品出现。然而，无线电能传输技术远没有像有线输电技术一样成为一种通用的技术。为此，本书将介绍现阶段最具应用价值的磁感应、磁谐振无线电能传输技术，系统地阐述它们的原理、特性和设计方法，以推动无线电能传输技术的发展。

本书共分为 8 章。第 1 章介绍无线电能传输技术的起源和国内外的研究现状；第 2 章介绍磁感应无线电能传输技术的基本原理和模型；第 3 章介绍磁感应无线电能传输系统的基本特性；第 4 章介绍磁感应无线电能传输系统的设计方法；第 5 章介绍磁谐振无线电能传输技术的基本原理和模型；第 6 章介绍磁谐振无线电能传输系统的基本特性；第 7 章介绍磁谐振无线电能传输系统的设计方法；第 8 章介绍无线电能传输系统的电磁环境。

本书既是一本从理论上系统地阐述无线电能传输原理的专著，又是一本具有工程意义的无线电能传输系统分析和设计指导书。因此，本书可作为电气工程的硕士生、博士生和教师的参考教材，也可供电子信息、自动化、机械等专业相关科研人员及工程技术人员在无线电能传输系统分析、设计中使用。

图书在版编目（CIP）数据

无线电能传输原理 = Principle of Wireless Power Transmission / 张波，黄润鸿，疏许健著.—北京：科学出版社，2018.6

　ISBN 978-7-03-057835-8

　Ⅰ. ①无… Ⅱ. ①张… ②黄… ③疏… Ⅲ. ①无导线输电 Ⅳ. ①TM724

中国版本图书馆 CIP 数据核字(2018)第 129189 号

责任编辑：耿建业　武　洲 / 责任校对：彭　涛
责任印制：吴兆东 / 封面设计：无极书装

科学出版社 出版

北京东黄城根北街 16 号
邮政编码：100717
http://www.sciencep.com

北京凌奇印刷有限责任公司印刷
科学出版社发行　各地新华书店经销

*

2018 年 6 月第　一　版　开本：720 × 1000 1/16
2024 年 1 月第五次印刷　印张：11 3/4
字数：231 000

定价：96.00 元

（如有印装质量问题，我社负责调换）

前　言

有线输电是人类的一个伟大的发明，与此同时，人类也开始了对无线电能传输的探索。交流电的发明者尼古拉·特斯拉梦想着有一天人类在地球的任意一个角落都能以无线方式接收电能，虽然著名的特斯拉塔倒了，但人类对无线电能传输技术的探索从未停止。

2003 年，笔者第一次接触到无线电能传输技术时，国内还只有对国外无线电能传输技术研究的报道，国外也只有少数高校在开展感应无线电能传输技术的研究。当笔者以无线电能传输为内容申请研究课题时，评审专家都质疑它的发展前景。幸运的是，该课题最终还是得到了资助，笔者从而开始了无线电能传输技术的研究。2006 年可以说是对于无线电能传输技术的发展具有重要意义的一年，麻省理工学院的物理学家马林·索尔贾希克教授领导的研究团队提出了谐振无线电能传输的原理，无线电能传输技术成为了一个新的研究热点。

无线电能传输技术能否最终与有线输电一样成为一个通用技术，其传输距离、传输效率、传输功率以及电磁环境是人们关注的关键问题。感应无线电能传输技术基于电磁感应原理，只能近距离无线传输电能，因此有学者称之为无接触式电能传输。感应无线电能传输系统要增大传输距离，必须在线圈的铁芯材料、减少漏磁、无功补偿方面做出努力，但这无疑增加了系统的成本、体积和重量，且传输距离仍然在厘米数量级。谐振无线电能传输技术基于能量耦合原理，理论上在近场范围内可以实现中距离的无线传输电能，突破了距离的瓶颈，使得无线电能传输技术更具有实用性。然而，目前学术界和工业界有一个观点，认为感应无线电能传输与谐振无线电能传输原理是一致的，都是电磁感应原理，导致谐振无线电能传输系统的特性分析、参数设计、电磁环境分析都沿用电磁感应的方式，无法体现谐振无线电能传输技术的优势。依照笔者的认识，基于电磁感应原理的磁耦合，由于磁场强度只是电能传输的一个影响因素，因此磁耦合大并不一定意味着电能耦合大；而谐振无线电能传输技术是基于电能耦合原理，因此，可以通过控制除磁场强度以外的其他参数来提高电能传输的效率和大小，使得无线电能传输的距离不受磁耦合大小的制约，从而增大了传输距离。本书的目的之一就是试图从原理、特性和设计方法上对磁感应、磁谐振无线电能传输系统的异同点进行对比，以深刻认识无线电能传输的机理和掌握无线电能传输技术。

本书的特色体现在以下几个方面：①较全面地回溯了无线电能传输技术的起

源、主要形式，系统地分析了无线电能传输技术的发展现状。②对磁感应无线电能传输系统建立发射线圈和接收线圈的松耦合变压器模型，继而建立了 SS 型、SP 型、PP 型和 PS 型 4 种不同无功补偿拓扑的系统模型；分析了感应无线电能传输系统的输入、输出特性，尤其是频率分岔特性；介绍了感应无线电能传输系统的设计过程和方法，并以实例的形式对无功补偿性能、最大传输功率特性和频率分岔特性进行设计和验证；③对磁谐振无线电能传输系统，分别采用耦合模方程和电路理论，建立了单负载两线圈、四线圈和多线圈、多负载谐振无线电能传输系统模型；分析了谐振无线电能传输系统的传输特性和频率分裂特性，并将频率分裂特性与感应无线电能传输系统的频率分岔特性进行了比较；介绍了谐振无线电能传输系统的设计过程和方法，分别对四线圈、频率跟踪式和多负载谐振无线电能传输系统进行了参数设计和验证。④介绍了无线电能传输的电磁环境标准和导则，采用特例的方式论述了无线电能传输系统电磁辐射和电磁场强度的测量方法。

　　本书是根据我们团队 14 年来的部分研究成果整理而成，研究工作得到了国家自然科学基金重点项目(批准号：51437005)、面上项目(批准号：51677074)的支持，在此表示衷心的感谢！

张　波

2018 年 5 月于华南理工大学

目　　录

前言

第1章　绪论 ··· 1
  1.1　无线电能传输技术的起源 ·· 1
  1.2　无线电能传输技术的形式 ·· 3
  1.3　无线电能传输技术的发展历程 ·································· 4
    1.3.1　感应无线电能传输技术 ··································· 4
    1.3.2　谐振无线电能传输技术 ··································· 6
    1.3.3　微波无线电能传输技术 ··································· 8
  1.4　感应与谐振无线电能传输技术的比较 ···················· 10
    1.4.1　原理不同 ··· 10
    1.4.2　系统构成的异同 ··· 10
    1.4.3　分析方法的异同 ··· 12
    1.4.4　运行条件的差异 ··· 12
  1.5　无线电能传输技术的应用前景 ·································· 13
    1.5.1　可移动机电设备的无线供电 ··························· 13
    1.5.2　电动汽车的无线充电 ······································· 13
    1.5.3　机器人的无线供电 ·· 14
    1.5.4　水下设备的无线供电 ······································· 14
    1.5.5　植入式医疗设备的无线供电 ··························· 14
    1.5.6　无线充电器 ·· 14
    1.5.7　家用电器的无线供电 ······································· 15
  1.6　本书的章节安排 ·· 15
  参考文献 ·· 15

第2章　感应无线电能传输系统的原理及模型 ····················· 22
  2.1　感应无线电能传输的基本概念 ································· 22
    2.1.1　基本结构 ··· 22
    2.1.2　工作原理 ··· 23
  2.2　松耦合变压器模型 ·· 24
    2.2.1　理想模型 ··· 24
    2.2.2　磁导率模型 ·· 25
    2.2.3　漏感模型 ··· 26

　　　　2.2.4　互感模型···28

　2.3　感应无线电能传输系统建模···29

　　　　2.3.1　SS 型感应无线电能传输系统模型·····················30

　　　　2.3.2　SP 型感应无线电能传输系统模型·····················32

　　　　2.3.3　PP 型感应无线电能传输系统模型·····················34

　　　　2.3.4　PS 型感应无线电能传输系统模型·····················36

　2.4　本章小结···40

　参考文献··40

第3章　感应无线电能传输系统的特性分析·································42

　3.1　无功补偿···42

　　　　3.1.1　系统无功全补偿···42

　　　　3.1.2　发射线圈和接收线圈单独无功补偿·····················49

　3.2　输出功率和传输效率···55

　　　　3.2.1　SS 型感应无线电能传输系统·····························55

　　　　3.2.2　SP 型感应无线电能传输系统·····························57

　　　　3.2.3　PP 型感应无线电能传输系统·····························59

　　　　3.2.4　PS 型感应无线电能传输系统·····························61

　3.3　互感对最大输出功率和传输效率的影响·····················63

　　　　3.3.1　SS 型感应无线电能传输系统·····························63

　　　　3.3.2　SP 型感应无线电能传输系统·····························64

　　　　3.3.3　PP 型感应无线电能传输系统·····························64

　　　　3.3.4　PS 型感应无线电能传输系统·····························65

　3.4　负载对最大输出功率的影响···68

　　　　3.4.1　SS 型感应无线电能传输系统·····························68

　　　　3.4.2　SP 型感应无线电能传输系统·····························68

　3.5　频率分岔现象···70

　　　　3.5.1　SS 型感应无线电能传输系统·····························70

　　　　3.5.2　SP 型感应无线电能传输系统·····························73

　　　　3.5.3　PP 型感应无线电能传输系统·····························73

　　　　3.5.4　PS 型感应无线电能传输系统·····························74

　3.6　输出特性···75

　3.7　本章小结···76

　参考文献··76

第4章　感应无线电能传输系统的设计·····································78

　4.1　系统结构···78

　4.2　工作频率的选择···79

4.3 逆变器的选择 79

4.4 发射线圈、接收线圈和补偿网络设计 81

4.4.1 发射线圈和接收线圈 81

4.4.2 无功补偿网络 82

4.5 系统控制设计 82

4.6 系统设计实例及特性验证 82

4.6.1 不同无功补偿方式的影响 83

4.6.2 互感对最大输出功率的影响 85

4.6.3 频率分岔现象 86

4.7 本章小结 88

参考文献 89

第5章 谐振无线电能传输系统的原理及模型 90

5.1 谐振无线电能传输的原理及系统构成 90

5.1.1 机械共振与谐振原理 90

5.1.2 谐振的近场工作条件 91

5.1.3 谐振无线电能传输系统的构成 92

5.2 LC 串联谐振电路的耦合模方程 94

5.2.1 耦合模方程的一般形式 94

5.2.2 无损耗单回路 LC 电路的耦合模方程 94

5.2.3 有损耗单回路 LC 电路的耦合模方程 96

5.2.4 两个无损耗单回路 LC 耦合电路的耦合模方程 97

5.2.5 两个有损耗单回路 LC 耦合电路的耦合模方程 99

5.2.6 N 个有损耗单回路 LC 耦合电路的耦合模方程 102

5.3 单负载谐振无线电能传输系统的耦合模方程 102

5.3.1 两线圈系统 102

5.3.2 四线圈系统 104

5.4 单负载谐振无线电能传输系统的电路模型 106

5.4.1 两线圈系统 106

5.4.2 四线圈系统 108

5.5 多负载谐振无线电能传输系统的耦合模方程 110

5.5.1 两负载系统 110

5.5.2 多负载系统 114

5.6 多负载谐振无线电能传输系统的电路模型 115

5.6.1 两负载系统 115

5.6.2 多负载系统 117

5.7 本章小结 117

参考文献 ··· 118

第 6 章　谐振无线电能传输系统的特性分析 ························ 119

6.1　传输特性 ··· 119

　　6.1.1　传输功率 ·· 119

　　6.1.2　传输效率 ·· 120

　　6.1.3　传输距离 ·· 122

6.2　频率分裂 ··· 124

　　6.2.1　概念 ··· 124

　　6.2.2　影响因素 ·· 125

　　6.2.3　频率分裂与频率分岔的区别 ··· 128

6.3　本章小结 ··· 129

参考文献 ··· 129

第 7 章　谐振无线电能传输系统的设计 ································· 130

7.1　四线圈谐振无线电能传输系统的设计 ····································· 130

　　7.1.1　系统结构 ·· 130

　　7.1.2　高频功率放大电路设计 ·· 130

　　7.1.3　高频变压器设计 ··· 133

　　7.1.4　发射线圈和接收线圈参数设计 ··· 134

　　7.1.5　仿真和实验 ··· 135

7.2　频率跟踪式谐振无线电能传输系统的设计 ······························ 139

　　7.2.1　系统结构 ·· 139

　　7.2.2　系统设计 ·· 140

　　7.2.3　仿真和实验 ··· 149

　　7.2.4　实验分析 ·· 151

7.3　多负载谐振无线电能传输系统的设计 ····································· 153

　　7.3.1　系统构成 ·· 153

　　7.3.2　高频功率放大电路的设计 ·· 153

　　7.3.3　主电路设计 ··· 155

　　7.3.4　实验验证 ·· 156

7.4　本章小结 ··· 161

参考文献 ··· 161

第 8 章　无线电能传输的电磁场环境 ···································· 163

8.1　概述 ··· 163

8.2　无线电能传输的国际标准 ·· 164

8.3　无线电能传输系统的电磁辐射测量 ·· 166

8.3.1　麻省理工学院的四线圈的系统 ………………………… 166

8.3.2　两线圈系统 …………………………………………… 167

8.4　无线电能传输系统电磁辐射对生命体的影响 …………… 168

8.5　电动汽车和手机无线充电的电磁环境 …………………… 170

8.5.1　电动汽车 ………………………………………………… 170

8.5.2　手机 ……………………………………………………… 170

8.5　本章小结 ……………………………………………………… 171

参考文献 ……………………………………………………………… 171

第1章 绪 论

无线电能传输技术(wireless power transfer，WPT)是指无需导线或其他物理接触，直接将电能转换成电磁波、光波、声波等形式，通过空间将能量从电源传递到负载的电能传输技术，因此又被称为非接触电能传输技术(contactless energy transfer，CET)。该技术实现了电源与负载之间的完全电气隔离，具有安全、可靠、灵活等传统电能传输方式无可比拟的优点，因此得到了国内外学者的广泛关注[1,2]。

无线电能传输是人类一百多年来一直追求的目标，作为多学科交叉的前沿技术，涉及电学、物理学、材料学、生物学、控制科学等多个学科和领域。无线电能传输可以有效地解决裸露导体造成的用电安全、接触式供电火花、接触机构磨损等问题，并能够避免在潮湿、水下、含易燃易爆气体的工作环境中，因导线式或接触式供电引起的触电、爆炸、火灾等事故。无线电能传输技术的出现还促进了大量新型应用技术的产生，如植入式医疗设备的非接触式供电、超高压/特高压杆塔上监测设备的非接触式供电、家用电器的非接触式供电、移动设备的非接触式供电以及电动汽车的无线充电等。伴随着智能电网和能源互联网的发展，电动汽车的无线充电技术将极大地促进新能源汽车产业的发展。此外，在太空领域，也可以通过无线电能传输的方式把外太空的太阳能传输到地面，还可以在航天器之间实现无线电能传输；在军事领域，无线供电可以有效地提高军事装备和器械的灵活性和战斗力。因此，世界主要发达国家都十分重视无线电能传输技术的研究，美国麻省理工学院主办的《麻省理工技术评论》杂志还将无线电能传输技术列为引领世界未来的十大科学技术之一[3]。

1.1 无线电能传输技术的起源

无线电能传输技术的起源可以追溯到电磁波的发现。1865 年，麦克斯韦在前人实验的基础上，归纳出著名的麦克斯韦方程组，理论上预见了电磁波的存在。1888 年，赫兹通过实验成功地"捕获"了电磁波，从而为电信号的无线传输奠定了坚实的基础，也为电能的无线传输提供了发展的可能。

继电磁波被发现后不久，伟大的发明家特斯拉就开始了对无线电能传输技术的探索[4]，在其专利"电气照明系统"中通过改进赫兹波发射器的射频电源[5]，提出了无线电能传输的伟大设想；1893 年，特斯拉在哥伦比亚世界博览会上，在没有任何导线及其他物理连接的情况下，隔空点亮了一盏磷光照明灯[6]。特斯拉展示的照明灯无线供电实验装置如图 1.1 所示[7]，发射端由高频交流电源、变压器、发射线圈 P、电火花间隙开关 S.G 和电容器 C 组成；接收端由接收线圈 S 和一个 40W 的灯泡组成；发射线圈和接收线圈的直径均为 24 英寸(大约 60cm)，参数见图 1.1 中标注。当发射线圈电感 L 与电容器 C 以高频交流电源的频率发生串联谐振时，电容器 C 上产生的谐振电压将击穿电火花间隙开关 S.G，使发射线圈 P 与电容器 C 经 S.G 短路发生串联谐振，发射线圈 P 上流过的谐振电流产生磁场，耦合到接收线圈 S，转换成电能将灯泡点亮。该装置可以在发射线圈和接收线圈相距 1 英尺(大约 30cm)范围内工作。

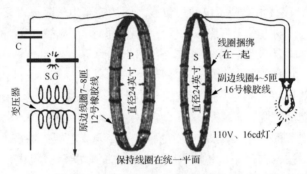

图 1.1　特斯拉无线电能传输实验装置

　　1898 年，特斯拉又把无线电能传输技术应用到人体电疗中，成果在美国电疗协会第 8 次年会上首次展示，并刊登在《电气工程师》第 544 期和 550 期上，1999 年被 *Proceedings of the IEEE* 作为经典论文重印[8]。特斯拉提出的无线电疗装置如图 1.2 所示，发射线圈为一个直径不小于 3 英尺(大约 90cm)的大铁环 H，铁环上绕有几匝粗大的电缆线 P，两端并联一个由大面积极板形成的可变电容器，然后与电源相连；接收线圈为一普通漆包线绕制的线圈 S，用两个木箍 h 和硬纸板固定，连接到人体。该装置工作时，发射线圈与可变电容器在电源频率下发生并联谐振，流过发射线圈的谐振电流产生磁场，耦合到接收线圈，转换为电能对人体进行电疗。

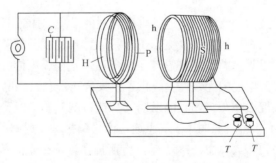

图 1.2　特斯拉无线电能传输电疗实验装置

1899 年，特斯拉在科罗拉多州开展了大规模无线电能传输的尝试，发明了谐振频率为 150kHz 的特斯拉线圈[9]，并在长岛建造了著名的特斯拉塔，如图 1.3 所示。虽然最终由于资金匮乏，利用特斯拉塔进行大功率无线电能传输的实验没有实现，但留给人们无限的遐想。特斯拉甚至还设想将地球作为内导体、地球电离层作为外导体，在它们之间建立起 8Hz 的低频电磁共振（舒曼共振），实现全球的无线电能传输。因此，特斯拉毫无疑问是无线电能传输的开拓者，是无线电能传输原理和技术的奠基者[10]。

图 1.3　著名的特斯拉塔

1.2　无线电能传输技术的形式

无线电能传输技术主要分为以下 3 种基本形式。

（1）感应无线电能传输技术。该技术可通过两种原理实现：一是基于电磁感应原理，将发射线圈和接收线圈置于非常近的距离，当发射线圈通过电流时，所产生的磁通在接收线圈中感应电动势，从而将电能传输到负载；二是基于电场耦合原理，通过两个可分离电容极板的电场变化，实现电能的无线传输。

（2）谐振无线电能传输技术。该技术同样可通过两种原理实现：一是基于磁谐振原理，在近场范围内，使发射线圈与接收线圈均工作于自谐振或谐振状态，实现中距离的无线电能传输；二是基于电场谐振原理，通过使两个带有电感的可分离电容极板工作于谐振状态，实现电能的无线传输。

（3）微波无线电能传输技术。该技术的基本原理是将电能转换成微波，然后通过天线向空间发射，接收天线接收后转换为电能给负载供电，实现远距离的无线电能传输。与该技术原理相同的无线电能传输方式，还有基于射频技术的无线电能传输、基于激光的无线电能传输和基于超声波的无线电能传输等。

以上 3 种形式的无线电能传输技术，按照工作于电磁场非辐射区或辐射区来进行分类，可以将它们分为非辐射式无线电能传输技术和辐射式无线电能传输技术，其中，感应无线电能传输技术和谐振无线电能传输技术属于非辐射式，而微波无线电能传输技术则属于辐射式。

不同的无线电能传输技术性能各异，感应无线电能传输技术的传输功率大，最大功率可达几百千瓦以上，且传输效率较高，最大效率在 90%以上，但传输距离很短，一般在几厘米以下[11]；谐振无线电能传输技术现阶段的传输距离从十几厘米到几米，传输功率从几十瓦到几千瓦，效率从 40%到 90%以上；微波无线电能传输技术的传输距离较远，为公里级，传输功率从毫瓦级到兆瓦级，但效率极低，一般低于 10%。目前，最具有发展和应用前景的是感应无线电能传输技术和谐振无线电能传输技术。

1.3 无线电能传输技术的发展历程

1.3.1 感应无线电能传输技术

1894 年，继特斯拉之后，Hutin 和 Leblanc 申请了"电气轨道的变压器系统"专利，提出了牵引电车的 3kHz 交流电源感应供电技术[12]；间隔大约半个世纪，1960 年，Kusserow 提出植入式血泵感应供电方式[13]，开始了感应无线电能传输技术在植入式医疗设备供电中的应用研究；随后不久，Schuder 等在哥伦比亚密苏里大学进行了一项被命名为"经皮层的能量传输"的研究项目[14,15]，提出利用接收线圈串联电容来实现谐振无功补偿，从而实现高效电能传输[16,17]；1970 年，纽约大学的 Thumim 等学者发表了植入式医疗设备感应供电的论文，提出了在发射线圈、接收线圈同时进行串联电容无功补偿的技术，并研究了耦合系数对电能传输性能的影响[18]；1971 年，射频技术的应用促进了感应无线电能传输技术在医疗设备上的发展[19]；旋转变压器在同期诞生[20]，用于取代电刷；1972 年，新西兰奥克兰大学的 Don Otto 申请了采用可控硅逆变器产生 10kHz 的交流电给小车感应供电的专利（NZ19720167422，JP49063111），首次验证了给移动物体感应供电的可能性；1974 年，出现了电动牙刷的感应无线充电技术[21]，装在杯型底座的电源通过电磁感应给牙刷中的电池充电；1978 年，电动汽车的感应无线充/供电也引起了学术界极大的兴趣[22]；进入 20 世纪 80 年代，对电动汽车感应无线电能传输理论的探索和应用实践又有了进一步的发展[23~25]；同时，植入式医疗器械非接触供电技术也有了较大突破，1981 年，Foster 进一步提出了在接收线圈进行并联电容补偿的方法，提高了传输效率和位移容差[26]；1983 年，英国医学研究理事会的 Donaldson 和 Perkins 提出了对发射线圈进行串联电容补偿、对接收线圈进行并联电容补偿的技术,证明存在最优的耦合系数和最大接收功率,但效率较低,只有 50%[27];1989年,Ghahary 发展了用串联谐振变换器实现经皮层的能量传输和对副边线圈进行串联电容补偿的技术[28,29];1996 年,Joun 又提出了对发射线圈和接收线圈同时进行串联电容补偿的技术[30,31]。

新西兰奥克兰大学的 Boys 教授是 20 世纪 90 年代以来对感应无线电能传输技术的发展推动最大的学者之一,他系统地开展了对感应无线电能传输技术的研究[32-34],他的研究团队完善了感应无线电能传输系统的拓扑补偿和稳定性理论[35~37]。Boys 教授于 1991 年申请的"感应配电系统"专利,是近 20 年来感应无线电能传输技术发展史上里程碑式的成果[32],该专利首次系统地提出了感应无线电能传输装置的结构和设计方法,该结构如图 1.4 所示,发射线圈由三相交流电供电,具有并联补偿的能量拾取线圈接收能量后,经整流和开关模式控制给负载供电,该结构在轨道电车非接触供电和电动汽车无线充电中得到了成功的应用。

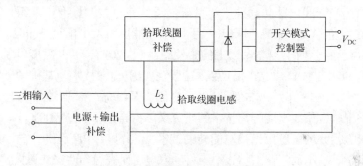

图 1.4　感应无线电能传输装置

21 世纪以来,感应无线电能传输技术开始走向产品化。2003 年,英国 SplashPower 公司开始进行感应无线电能传输的产品开发,2005 年研制的无线充电器"SplashPad"上市[38],可以实现 1mm 内的无线充电;同年,美国 WildCharge 公司开发的无线充电系统,输出功率达到 90W,可以为多数笔记本电脑以及各种小型电子设备充电[39],而香港城市大学的许树源教授则成功研制了通用型非接触充电平台[40],充电时间与传统充电器无异;2006 年,日本东京大学的学者利用印制塑性 MEMS 开关管和有机晶体管,制成大面积的无线电能传输膜片[41,42],该膜片上印制有半导体感应线圈,厚度约为 1mm,面积约为 20cm²,重量约为 50g,可以贴在桌子、地板、墙壁上,为装有接收线圈的圣诞树上的 LED 灯、装饰灯、鱼缸水中的灯泡或小型电机供电;2007 年,微软亚洲研究院设计和实现了一种通用型"无线供电桌面",随意将笔记本、手机等移动设备放在桌面上即可自动开始充电或供电[43];同年 3 月,美国宾夕法尼亚州的 Powercast 公司开发的无线充电装置可为各种小功率的电子产品充电或供电,该技术采用 915MHz 的频率,实现 1m 范围内的无线电能传输,据称约有 70%的电能转化为直流电能,该技术已获得美国联邦通信委员会（Federal Communications Commission，FCC）的批准[44]。

在大功率感应无线电能传输产品开发方面，主要集中在给移动设备，特别是在恶劣环境下运行的设备供电，如电动汽车、起重机、运货车以及水下、井下设备[45~51]。目前，商业化产品的传输功率已达 200kW，传输效率在 85%以上，典型的有日本大阪幅库（Daifuku）公司的单轨型车和无电瓶自动货车，新西兰奥克兰大学所属奇思（Univervices）公司的罗托鲁瓦（Rotorua）国家地热公园的 40kW 旅客电动运输车，以及德国瓦姆富尔（Wampfler）公司的载人电动列车（其总容量为 150kW，气隙为 120mm[52]）。此外，还有美国通用汽车公司（GM）推出的 EV1 型电动汽车感应充电系统和电车感应充电器 Magne-charge，Magne-charge 工作频率可以在 80~350kHz 的范围内变动，传输效率达 99.5%。

2008 年 12 月 17 日，无线充电联盟（Wireless Power Consortium，WPC）成立，成为首个以感应无线电能传输技术为基础的无线充电技术标准化组织[53]。2010 年 7 月，WPC 发布了 Qi 标准，同年 9 月，Qi 标准被引入中国。截至 2017 年底，WPC 的成员已经包括了 400 家以上的企业或组织。2012 年，电源事项联盟（Power Matters Alliance，PMA）成立，也是以感应无线电能传输技术为基础的无线充电技术标准化组织，2013 年，PMA 制定出了自己的无线充电标准[54]。

国内关于感应无线电能传输技术的研究文献据查最早的是 2001 年，西安石油学院的李宏教授介绍了感应无线电能传输技术[52]。此后，华南理工大学、重庆大学、天津工业大学、哈尔滨工业大学、中国科学院电工研究所、西安交通大学、浙江大学、南京航空航天大学等高校陆续开展了大量的研究[55~64]。目前，重庆大学孙跃教授领导的团队在感应无线电能传输实验方面开展了大量的研究，并与新西兰奥克兰大学的 Patrick Aiguo Hu 进行了深层次的学术交流与科技合作，取得了较好的成果。2011 年 10 月在天津召开了国内首次"无线电能传输技术"专题研讨会[65]，参会的专家们讨论了无线电能传输技术的新进展和存在的一些问题，并达成了"天津共识"，对无线电能传输技术在国内的深入研究和继续推广具有重要的意义。

1.3.2 谐振无线电能传输技术

100 多年前，特斯拉提出的无线电能传输技术可以说是谐振无线电能传输技术研究的开始，但特斯拉去世后，相当长一段时间内谐振无线电能传输技术被人遗忘，没有取得实质性的进展。进入 21 世纪后，特斯拉利用谐振原理实现无线电能传输的设想再次被人关注。2006 年，麻省理工学院物理系的 Marin Soljacic 教授找到了"抓住"发散电磁波的方法，利用物理学的磁谐振原理，让电磁波发射器与接收器同频谐振，使它们之间可以进行能量互换。他领导的研究小组进行的无线电能传输实验表明，两个相同设计的铜线圈（线圈直径 60cm；线径 6mm）

在同频谐振情况下，可以将距离 7 英尺（大约 2m）的 60W 的灯泡点亮，且整个系统的效率达 40%左右，实验装置如图 1.5 所示[66]。Marin Soljacic 教授的研究实证了特斯拉磁谐振无线电能传输的设想，是无线电能传输技术发展史上具有里程碑意义的突破。2007 年，该成果被刊登在 *Science* 杂志上，掀起了国际上无线电能传输技术研究的热潮，谐振无线电能传输技术研究的激烈角逐由此展开。

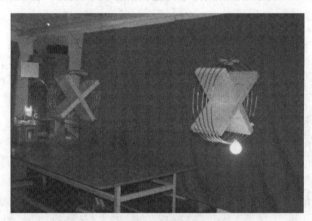

图 1.5 MIT 磁谐振无线电能传输实验

2008 年 8 月，Intel 公司在英特尔开发者论坛上展示了与麻省理工学院类似的磁谐振无线电能传输装置，实现了在 1m 距离传输 60W 电能的同时，还保持了 75%的效率，是磁谐振无线电能传输技术的又一进步[44]；2009 年，日本东京大学的 Yoichi Hori 教授对电动汽车进行了磁谐振无线充电实验，谐振频率为 15.9MHz 传输距离为 200mm，传输功率为 100W，效率达到 97%左右[67]；同年，马里兰大学的 Sedwick 首次提出了用超导体实现长距离磁谐振无线电能传输，并对此进行了详细的理论分析[68,69]；2010 年，Marin Soljacic 教授的团队开展了另一项磁谐振无线电能传输实验，以 6.5MHz 的谐振频率和超过 30%的效率，实现了 2.7m 的无线电能传输[70]；2011 年，有学者在 0.3m 的距离内，以 3.7MHz 的频率实现了功率 220W、效率 95%的磁谐振无线电能传输[71]；同年，韩国学者实验验证了两个超导线圈间的磁谐振无线电能传输机理[72]，并在 2013 年又实现了 4 个线圈的超导磁谐振无线电能传输，且仅在接收端采用了超导线圈[73]。国内的学者也对此进行了研究[74]，并申请了相关专利[75]。超材料应用于磁谐振无线电能传输中的技术随后也被提出，并在实验上取得了很好的效果[76~80]；国内大型企业海尔公司的"无尾电视"采用的也是麻省理工学院的磁谐振技术[81]，现在正积极推广其"无尾厨电"；2012 年 6 月，三星公司发布了采用磁谐振技术的无线充电手机 Galaxy S III，实现了磁谐振无线电能传输技术在商业上的首次成功应用；同年，以谐振无线电能传输技术为基础的无线充电联盟（Alliance for Wireless Power，A4WP）成立[82]，并于 2013 年推出了 Rezence 无线充电标准。

　　与磁谐振无线电能传输技术一样，基于电场谐振的无线电能传输技术也得到了关注[83~85]，但目前相关成果并不多，有代表性的是 2008 年美国内华达州雷电实验室研制成功了基于电场谐振的无线电能传输装置，将 775W 的功率传输到 5m 远的距离，效率达到 22%[86]，如图 1.6 所示。由于电场对环境的影响和要求不同于磁场，电场谐振无线电能传输技术只能在一些特殊的场合应用，局限性较大，因此，目前被广泛研究的主要是磁谐振无线电能传输技术。

图 1.6　电场谐振无线电能传输装置

　　国内对磁谐振无线电能传输技术的研究始于 2007 年，华南理工大学张波教授的团队采用与 Marin Soljacic 教授团队的耦合模理论不同的电路分析方法，建立了磁谐振无线电能传输系统的电路模型[87]，并提出了频率跟踪控制的方法；哈尔滨工业大学朱春波教授采用直径为 50cm 的谐振线圈，实现了 310kHz 谐振频率、1m 距离、50W 功率的传输[88,89]；天津工业大学杨庆新教授的团队对从几十千赫兹到 13.56MHz 的磁谐振无线电能传输系统进行了一系列的试验研究[90,91]；东南大学黄学良教授带领的团队采用频率控制技术实现了 0.9m 距离、60%的稳定传输效率，传输功率大约几十瓦[92]；重庆大学孙跃教授的团队研发的磁谐振无线电能传输样机，谐振频率为 7.7MHz，传输距离为 0.8m，传输功率为 60W，传输效率为 52%[93]；清华大学的赵争鸣教授系统地梳理了磁谐振无线输电技术存在的问题，并指出了未来的一些发展方向[94]。目前，磁谐振无线电能传输技术在国内呈现出较好的发展势头。

1.3.3　微波无线电能传输技术

　　微波无线电能传输技术始于 20 世纪 30 年代初，Brown 在西屋实验室利用一对 100MHz 的偶极子，在相距 25 英尺(约 7.62m)的地方传输了大约几百瓦的功率[95]; 50 年代末, Goubau 和 Schwering 进行了微波无线电能传输的尝试, 首先从理论上推算出了自由空间波束导波可达到接近 100%的传输效率, 并在反射波束导波系统上得到验证[96]。

20 世纪 60、70 年代, 国际上掀起了微波无线电能传输技术研究的高潮。1964 年, 雷声公司的 Brown 成功地进行了高空直升机平台的微波供电实验; 1968 年, 美国 Glaser 提出了太阳能发电卫星的概念, 利用微波将能量无线地传回到地面接收装置, 并将其转换成电能[97]; 1975 年, Brown 进一步将微波能量束传播到一英里远的接收站, 并获得 30kW 的直流功率[95]; 同年, 加州理工学院喷气与推进实验室进行了一项被称为 "Goldstone" 的实验, 在野外使用工作频率为 2.388GHz 的微波, 实现了 1.54km 的无线电能传输[98], 但整体效率只有 6.7%(发射端到接收整流端); 1980 年, 加拿大通信研究中心研制出第一个由微波供电的高空永久平台, 该平台高度为 21km[99]; 1983 年, 日本采用探测火箭在太空进行了首次微波电能传输实验, 并取得成功, 该实验名为 " microwave ionosphere nonlinear interaction experiment(MINIX) "[100,101]; 1992 年, 另一项名为"microwave lifted airplane experiment (MILAX)" 的实验也在日本完成, 这个实验首次采用电子扫描相控阵, 以 2.411GHz 的微波束对准移动目标供电[102]; 2001 年, 法国国家科学研究中心的科学家 Pignolet 利用微波无线电能传输点亮了 40m 外的一个 200W 的灯泡; 2003 年, 他又在留尼汪岛上建造了 10kW 实验型微波输电装置, 以 2.45GHz 的频率向距离接近 1km 的格朗巴桑村进行点对点无线供电实验[103]; 2008 年, Mankins 和德州农工大学、日本神户大学的学者进行了微波能量从毛伊岛传输到夏威夷岛的实验, 传输距离超过 148km[104], 创造了微波无线电能传输距离的最高纪录, 但没有突破微波无线电能传输效率低于 10%的限制[105]; 2015 年 3 月, 日本先后两次成功进行了微波无线电能传输实验, 11 日日本宇宙航空研究开发机构将 1.8kW 的电力精准地传输到 55m 外的一个接收装置, 12 日日本三菱重工将 10kW 的电力转换成微波后进行输送, 其中的部分电能成功点亮了 500m 外的接收装置上的 LED 灯, 该公司计划在 2030 年至 2040 年运用该技术将太空的发电装置所获得的电能通过微波向地面传输。

国内对微波无线电能传输技术的研究始于 20 世纪 90 年代[106], 林为干院士首次在国内介绍了微波无线电能传输技术; 1998 年, 上海大学开始对微波无线电能传输进行研究, 并应用于管道探测微型机器人的供电[107]; 2006 年 7 月, 中国航天科技集团有限公司组织进行了 "空间太阳能电站发展必要性及概念研究" 的研讨; 2008 年, 国防科工局启动对 "我国空间太阳能电站概念和发展思路研究" 项目的研究; 2010 年, 中国空间技术研究院王希季、闵桂荣等七位院士牵头开展了中国科学院学部咨询评议项目——空间太阳能电站技术发展预测和对策研究; 2010 年, 中国空间技术研究院组织召开了首次 "全国空间太阳能电站发展技术",

研讨会多位院士和近百位专家参加；2013 年，国际宇航大会在北京召开，中国专家应邀做了"21 世纪人类的能源革命——空间太阳能发电"的分会主旨发言，葛昌纯院士作为特邀专家代表中国参加了空间太阳能发电论坛；2014 年 5 月，"空间太阳能电站发展的机遇与挑战"香山科学会议召开，多个领域的专家研讨了发展空间太阳能电站的重大科学问题和发展建议[108]。目前，国内开展相关研究的团队包括中国航天科技集团有限公司、中国工程物理研究院、西安电子科技大学、重庆大学、四川大学、北京理工大学、哈尔滨工业大学、北京科技大学和中国科学院长春光学精密机械与物理研究所等单位，在关键技术研究方面已经取得了一定的进展，主要包括：解决多个微波源的高效功率合成和高效微波整流技术，实现了千米距离上微波能量传输接收试验；完成了 $40m^2$ 的展开式柔性太阳电池阵原理验证；建立了地面太阳光泵浦激光实验系统，实现了 30W 的激光输出，并开展了 100m 距离的能量传输试验等[108]。

1.4　感应与谐振无线电能传输技术的比较

1.4.1　原理不同

感应无线电能传输技术是基于变压器原理，依靠发射线圈与接收线圈的磁场耦合来传递能量，发射线圈与接收线圈间的磁场耦合程度决定了无线电能传输系统的性能。为了保证无线电能传输的功率和效率，必须使得耦合系数或互感系数较大，由此限制了它的传输距离，此外，还要求发射线圈和接收线圈必须处于同轴，且两者之间不能有障碍物。

谐振无线电能传输技术虽然也是依靠磁场传递能量，但与感应无线电能传输技术原理不同，采用的是能量耦合原理。由于能量的大小不仅取决于磁场大小，还取决于磁场的变化率、频率以及其他电参数，因此，能量耦合系数是谐振频率、互感系数、品质因数等的函数。从而当发射线圈与接收线圈工作于谐振状态时，可不受空间位置和障碍物的影响，实现中距离无线电能传输。

1.4.2　系统构成的异同

感应无线电能传输系统的核心结构是一个无铁芯的分离式变压器(或称为松耦合变压器)，发射线圈相当于变压器的原边，接收线圈相当于变压器的副边，如图 1.7 所示。发射线圈由高频交流电源供电，产生磁场耦合到接收线圈，从而将电能传输到接收线圈的负载上，实现电能的无线传输。为提高电能传输能力，一般发射线圈和接收线圈都附加无功补偿网络来进行无功补偿。

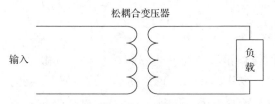

图 1.7 感应无线电能传输核心结构

　　谐振无线电能传输系统有两线圈和四线圈结构。较低谐振频率时采用两线圈结构(图 1.8(a)),发射线圈与电容串联构成发射端,由高频交流电源供电;接收线圈与电容串联构成接收端,与负载相连。工作时,发射线圈电感、接收线圈电感与各自串联的电容发生同频串联谐振,电磁能量在发射线圈与接收线圈之间交换,一部分供给负载,实现了电能的无线传输。较高谐振频率(MHz)时采用四线圈结构(图 1.8(b)),发射端由一个阻抗匹配线圈和一个开口发射线圈组成,高频交流电源连接到阻抗匹配线圈,阻抗匹配线圈产生的磁场在开口发射线圈中感应电势,在高频感应电势的作用下,开口线圈电感与其寄生电容发生串联谐振;接收端由一个开口接收线圈和一个负载阻抗匹配线圈组成,开口发射线圈产生的磁场耦合到开口接收线圈并产生感应电势,在此感应电势的作用下,开口接收线圈电感与其寄生电容发生串联谐振,电磁能量在开口发射线圈和开口接收线圈之间交换,一部分通过负载阻抗匹配线圈供给负载,实现了电能的无线传输。

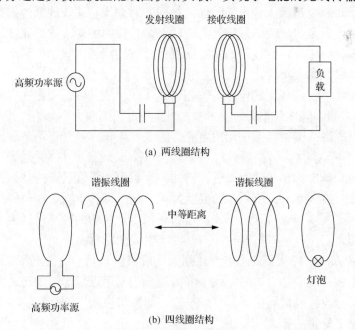

(a) 两线圈结构

(b) 四线圈结构

图 1.8 谐振无线电能传输系统

1.4.3　分析方法的异同

感应无线电能传输系统的发射线圈和接收线圈一般采用变压器模型来分析和设计，参数关系与变压器相同，较为简单。LC 补偿网络为无功补偿电路，根据补偿网络在系统中的连接方式的不同，分为 4 种分析模型，即发射线圈和接收线圈串联型补偿模型(SS 型)、发射线圈和接收线圈均并联型补偿模型(PP 型)、发射和接收线圈串-并联型补偿模型(SP 型)以及发射和接收线圈并-串联型补偿模型(PS 型)。综合建立 LC 补偿网络和发射线圈及接收线圈模型，就可以分析和设计感应无线电能传输系统。

谐振无线电能传输系统一般采用耦合模理论分析，建立起发射线圈与接收线圈间的能量耦合模型，其优点是物理概念清晰，计算简单，能够直观地反映发射线圈与接收线圈能量交换的过程，但是一种近似的建模方法，且对于较复杂的谐振无线电能传输系统，如多负载、多电源系统，参数确定有一定难度。因此，在较低谐振频率运行时，通常也会采用变压器模型来分析谐振无线电能传输系统的特性，并对系统进行参数设计[87,109,110]。此外，考虑分布参数的影响，采用传输线理论的谐振无线电能传输系统建模分析方法也被提出[111]。

1.4.4　运行条件的差异

(1)电源频率。感应无线电能传输系统的发射线圈和接收线圈的固有频率与电源频率无关，只是为了减小系统的无功功率，补偿网络电容的选取才考虑电源频率；而谐振无线电能传输技术的发射线圈和接收线圈的固有谐振频率与电源频率密切相关，必须完全相同。

(2)传输距离。感应无线电能传输与谐振无线电能传输都工作在电磁场的近场范围内(图 1.9)，但感应无线电能传输的距离与近场范围大小无关，其只能工作在厘米级的近距离范围；而谐振无线电能传输则能工作在整个近场范围，近场距离为 $c/2\pi f$(c 为光速，f 为谐振频率)，谐振频率高、近场范围小、传输距离近，谐振频率低、近场范围大、传输距离远，例如，麻省理工学院设计的谐振无线电能传输装置，谐振频率为 10MHz，近场范围为 4.778m，即该谐振无线电能传输装置的最大传输距离在 4.778m 以内。因此，谐振无线电能传输的距离远远大于感应无线电能传输的距离，且可以根据实际需要设计电能传输范围。

(3)负载能力。感应无线电能传输系统一般只能一对一的供电，即一个发射线圈对应一个接收线圈，而谐振无线电能传输系统利用近场为储能场的性质，通过发射线圈与接收线圈的同频谐振，一个发射线圈可以给多个接收线圈供电，且不受一般非谐振外物的影响[112]，适用面更广泛。

波阻抗与距发射源的距离关系图

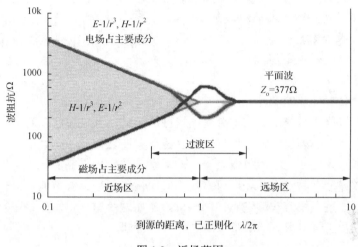

图 1.9 近场范围

综上所述，感应无线电能传输和谐振无线电能传输是两种不同的电能传输方式，由于以往对电磁耦合即为能量耦合认识上的局限性[113]，导致认为它们的原理完全相同，造成科学研究者和工程技术人员对两者概念的混淆，在一定程度上阻碍了谐振无线电能传输技术的发展。

1.5 无线电能传输技术的应用前景

1.5.1 可移动机电设备的无线供电

可移动机电设备，如电力机车、城市电车和工矿用车等，其传统的供电方式一般是通过滑动摩擦式与电源连接来获取电能，存在滑动磨损、接触火花、炭积和不安全裸露导体等弊端。应用无线电能传输技术，可以使其安全地工作在各种危险、恶劣的环境下，并提高运行性能。

1.5.2 电动汽车的无线充电

电动汽车电池的充电技术是阻碍其快速发展的重要原因之一，采用现有的有线方式充电，充电桩占地面积大且用户使用不方便。采用无线电能传输方式可以便捷地将无线充电装置的发射线圈埋入停车场地下，接收线圈安装在电动汽车上，用户停车即可启动充电，充电过程简单、安全、灵活、高效，无需占地建设专门的充电站，且能够有效地抑制可再生能源的输出及波动，与电网能够产生更强的互动，通过智能互动系统的连接可以自动控制电动汽车合理的进行充放电，有效提高可再生能源的消纳能力和电网的稳定性，具有实际应用意义。此外，还可以对电动汽车进行动态无线充电，即铺设一段充电道路，沿线安装一系列发射线圈，装有接收线圈的电动汽车运行到该路段就可动态充电，从而降低对电池容量的需求，大大减少电动汽车的充电电池容量，降低整车重量和成本，并节省充电时间。

1.5.3　机器人的无线供电

现有的机器人系统中，大部分运动机械的驱动器都设置在控制柜中或尽可能靠近控制中心，驱动器的输出通过电缆从控制中心连接到各个运动机械的控制电机上。为了防止碰断电缆，机器人手臂的运动必然受到限制，且由于机器人重复运动，电缆连接点易受到损坏，可靠性、安全性降低。无线电能传输技术能使驱动器的输出通过无线方式传递到控制电机，从而避免由于电缆的存在导致机器的运动受限以及由于电缆磨损所带来的操作失误等缺点。

1.5.4　水下设备的无线供电

在水下作业中，许多水下设备的运行需要提供电能。若直接由电缆供电，则存在不易安装、电缆金属接头易受海水腐蚀、设备工作区域受限、不灵活、供电效率低等困难，而采用无线电能传输技术对水下设备(如深海潜水装置和海底钻井)等供电，则可以较好地解决这些问题。

1.5.5　植入式医疗设备的无线供电

医学上越来越多的采用电子设备来弥补人体器官的缺陷，如心脏起搏器、全人工心脏、人工耳蜗等。然而这些电子设备的共同缺点就是需要电池供电，当需要更换电池时，病人将承受手术的痛苦和危险。即使采用充电电池供电，也需要穿透皮肤(导线穿过皮肤)用体外电源对电池进行充电，病人同样承受较大的痛苦。而无线电能传输技术既可以避免导线与人体皮肤直接接触，防止由于感染而出现并发症，又可以避免植入式电池的电能耗尽之后需要进行手术来更换的问题，消除由于手术造成的二次伤害，实现对植入人体的电子设备进行无痛苦、安全可靠的充电。

1.5.6　无线充电器

手提式计算机、手机、数码相机、无线鼠标、蓝牙耳机等各种便携式电子产品已成为人们生活的必需品，但它们最大的缺点是需要使用不同的接口和充电器。而采用无线电能传输技术的无线充电器，可以将发射线圈置入一个外形犹如电磁炉的台面中，充电时只需将电子产品放在该台面上便能进行充电，从而适用于各种电子产品的充电。随着无线电能传输技术的发展，未来各种便携式电子产品，有可能实现随时随地的充电。

1.5.7 家用电器的无线供电

随着智能化技术的日益发展和进步，智能家居越来越受到人们的广泛关注，而对于智能家居中的家用电器来说，采用无线电能传输技术具有明显的优势，该技术可以改变"白色家电""黑色家电"（如洗衣机、部分厨房电器、空调、电冰箱、彩电、音响等）的供电方式，使得家电的安置更加灵活，使用更加方便，彻底摆脱传统的充电线缆对电器互连的限制和束缚，体现出更大的便捷化和人性化。

1.6 本书的章节安排

感应无线电能传输技术与谐振无线电能传输技术是目前应用最为广泛和最具发展前途的技术，且它们在系统结构、电路形式上都有类似之处。因此，本书以磁感应和磁谐振两种无线电能传输技术为研究对象，系统地介绍了它们的原理、构成、模型、特性和设计方法，期望使相关研究人员通过此书，可以较快地了解和掌握感应无线电能传输技术和谐振无线电能传输技术，并能设计基本的无线电能传输系统和装置。

全书共 8 章。第 1 章为绪论，主要对无线电能传输技术的起源、类别、发展现状、技术特点和应用前景进行阐述；第 2 章为感应无线电能传输系统的原理及模型，主要分析了感应无线电能传输技术的基本原理和系统构成，并建立了感应无线电能传输系统的基本模型；第 3 章为感应无线电能传输系统的特性分析，在第 2 章的模型基础上，对它的主要特性，如传输功率、传输效率、无功补偿和频率分岔等特性进行了分析；第 4 章为感应无线电能传输系统的设计，介绍了感应无线电能传输系统的设计原则、方法和过程，并进行了实例验证；第 5 章为谐振无线电能传输系统的原理及模型，主要分析了谐振无线电能传输技术的基本原理和系统构成，并建立了谐振无线电能传输系统的基本模型；第 6 章为谐振无线电能传输系统的特性分析，在第 5 章的模型基础上，对它的主要特性，如传输功率、传输效率和频率分裂等特性进行了分析；第 7 章为谐振无线电能传输系统的设计，介绍了一个完整的谐振无线电能传输系统的设计方法和过程；第 8 章为无线电能传输的电磁场环境，对感应无线电能传输技术和谐振无线电能传输技术的电磁环境进行了分析。

参 考 文 献

[1] Raabe S, Elliott G A J, Covic G A, et al. A quadrature pickup for inductive power transfer systems[C]. Industrial Electronics and Applications Conference, IEEE, Harbin, 2007: 68-73.

[2]   Kazmierkowski M P, Moradewicz A J. Contactless energy transfer (CET) systems-A review[C]. International Power Electronics and Motion Control Conference, IEEE, Novi Sad, 2013: session3-1-session3-6.

[3]   MIT Technology Review. 10 breakthrough technologies. 2008[EB/OL]. http://www2.technologyreview.com/tr10/?year=2008.

[4]   Marincic A S. Nikola Tesla and the wireless transmission of energy[J]. IEEE Transactions on Power Apparatus and Systems, 1982, PAS-101 (10): 4064-4068.

[5]   Tesla N. System of electric lighting: U.S. Patent 454 622[P]. Jun. 23, 1891.

[6]   Barrett J P. Electricity at the Columbian Exposition[M]. Madison: R R Donnelley, 1894.

[7]   MIT witricity not so original after all [EB/OL]. http://www.tfcbooks.com/articles/witricity.htm.

[8]   Tesla N. High frequency oscillators for electro-therapeutic and other purposes[J]. Proceedings of the IEEE, 1999, 87 (7): 1282-1292.

[9]   Tesla N. System of transmission of electricalenergy: U.S. Patent 645 576[P]. Mar. 20, 1900.

[10] Hui S Y. Planar wireless charging technology for portable electronic products and Qi[J]. Proceedings of the IEEE, 2013, 101 (6): 1290-1301.

[11] 野泽哲生, 蓬田宏树, 林咏. 伟大的电能无线传输技术[J]. 电子设计应用, 2007 (6): 42-54.

[12] Hutin M, Leblanc M. Transformer system for electric railway: U.S. Patent 527 857[P]. Oct. 23, 1984.

[13] Kusserow B K. The use of a magnetic field to remotely power an implantable blood pump. Preliminary report[J]. ASAIO Journal, 1960, 6 (1): 292-294.

[14] Schuder J C, Stephenson Jr H E, Townsend J F. Energy transfer into a closed chest by means of stationary coupling coils and a portable high-power oscillator[J]. ASAIO Journal, 1961, 7 (1): 327-331.

[15] Schuder J C. Powering an artificial heart: Birth of the inductively coupled - radio frequency system in 1960[J]. Artificial organs, 2002, 26 (11): 909-915.

[16] Schuder J C, Stephenson Jr H E, Townsend J F. High level electromagnetic energy transfer through a closed chest wall[C]. IRE International Convention Record 1961, New York, 9: Part 9,119-126.

[17] Schuder J C, Stephenson H E. Energy transport to a coil which circumscribes a ferrite core and is implanted within the body[J]. IEEE Transactions on Biomedical Engineering, 1965, (3 and 4): 154-163.

[18] Thumim A I, Reed G E, Lupo F J, et al. High power electromagnetic energy transfer for totally implanted devices[J]. IEEE Transactions on Magnetics, 1970, 6 (2): 326-332.

[19] Schuder J C , Gold J H , Stephenson H E. An inductively coupled RF system for the transmission of 1kW of power through the skin[J]. IEEE Transactions on Bio-Medical Engineering, 1971, BME-18 (4): 265-273.

[20] Marx S H, Bounds R W. A kilowatt rotary power transformer[J]. IEEE Transactions on Aerospace and Electronic Systems, 1971, AES-7 (6): 1157-1163.

[21] Roszyk L, Barnas L. Hand held battery operated device and charging means therefore: US Patent 3, 840,795[P]. October 1974.

[22] Bolger J G, Kirsten F A, Ng L S. Inductive power coupling for an electric highway system[C]. Proceedings of IEEE Vehicular Technology Conference, Denver, 1978: 137-144.

[23] Abel E, Third S. Contactless power transfer-an exercise in topology[J]. IEEE Transactions on Magnetics, 1984, 20 (5): 1813-1815.

[24] Lashkari K, Shladover S E, Lechner E H. Inductive power transfer to an electric vehicle[C]. Proceedings of 8th International Electric Vehicle Symposium, Washington DC, 1986: 258-267.

[25] Eghtesadi M. Inductive power transfer to an electric vehicle-analytical model[C]. Proceedings of IEEE 40th Vehicular Technology Conference, IEEE, Orlando, 1990: 100-104.

[26] Foster I C. Theoretical design and implementation of a transcutaneous, multichannel stimulator for neural prosthesis applications[J]. Journal of Biomedical Engineering, 1981, 3(2):107-120.

[27] Donaldson N N, Perkins T A. Analysis of resonant coupled coils in the design of radio frequency transcutaneous links[J]. Medical and Biological Engineering and computing, 1983, 21(5): 612-627.

[28] Ghahary A, Cho B H. Design of a transcutaneous energy transmission system using a series resonant converter[C]. IEEE Power Electronics Specialists Conference, San Antonio, 2002: 1-8.

[29] Ghahary A, Cho B H. Design of transcutaneous energy transmission system using a series resonant converter[J]. IEEE Transactions on Power Electronics, 1992, 7(2): 261-269.

[30] Joun G B, Cho B H. An energy transmission system for an artificial heart using leakage inductance compensation of transcutaneous transformer[C]. Proceedings of 27th Annual IEEE Power Electronics Specialist Conference, Baveno, 1996, 1(6): 898-904.

[31] Joun G B, Cho B H. An energy transmission system for an artificial heart using leakage inductance compensation of transcutaneous transformer[J]. IEEE Transactions on Power Electronics, 1998, 13(6): 1013-1022.

[32] Boys J T, Green A W. Inductive power distribution system: U.S. Patent 5 293 308[P]. Mar. 8, 1994.

[33] Green A W, Boys J T. 10 kHz inductively coupled power transfer-concept and control[C]. Proceedings of the 5th International Conference on Power Electronics and Variable-Speed Drives, London, 1994: 694-699.

[34] Elliott G A J, Boys J T, Green A W. Magnetically coupled systems for power transfer to electric vehicles[C]. Proceedings of the International Conference on Power Electronics and Drive Systems, Singapore, 1995, 2: 797-801.

[35] Boys J T, Covic G A, Green A W. Stability and control of inductively coupled power transfer systems[J]. IEEE Proceedings Electric Power Applications, 2000, 147(1): 37-43.

[36] Wang C S, Stielau O H, Covic G A. Load models and their application in the design of loosely coupled inductive power transfer systems[C]. Proceedings of International Conference on Power System Technology, Perth, 2000: 1053-1058.

[37] Wang C S, Covic G A, Stielau O H. General stability criterions for zero phase angle controlled loosely coupled inductive power transfer systems[C]. Proceedings of the 27th Annual Conference of the IEEE Industrial Electronics Society, Denver, 2001: 1049-1054.

[38] Splashpower power mobile phones without chargers[EB/OL]. https://www.esato.com/board/viewtopic.php?topic=131342.

[39] WildCharge review-is wireless power worth it[EB/OL]. http://newatlas.com/review-wildcharge-wireless-power/13186/.

[40] Hui S Y R, Wing W C H. A new generation of universal contactless battery charging platform for portable consumer electronic equipment[J]. IEEE Transactions on Power Electronics, 2005, 20(3): 620-627.

[41] Sekitani T, Takamiya M, Noguchi Y, et al. A large-area flexible wireless power transmission sheet using printed plastic MEMS switches and organic field-effect transistors[C]. Proceedings of IEEE International Electron Devices Meeting, San Francisco, 2006: 1-4.

[42] Sekitani T, Takamiya M, Noguchi Y, et al. A large-area wireless power-transmission sheet using printed organic transistors and plastic MEMS switches[J]. Nature Materials, 2007, 6(6): 413-417.

[43] 微软亚洲研究院. 无线供电桌面[EB/OL]. http://www.msra.cn/zh-cn/news/features/3020cf43-71ea-4761-b328-927ea7f6cc90.

[44] 王洪博, 朱轶智, 杨军, 等. 无线供电技术的发展和应用前景[J]. 电信技术, 2010, 1(9): 56-59.

[45] Wang C S, Stielau O H, Covic G A, et al. Design considerations for a contactless electric vehicle battery charger[J]. IEEE Transactions on Industrial Electronics, 2005, 52(5): 1308-1314.

[46] Elliott G A J, Covic G A, Kacprzak D, et al. A new concept: A symmetrical pick-ups for inductively coupled power transfer monorail systems[J]. IEEE Transactions on Magnetics, 2006, 42(10): 3389-3391.

[47] Covic G A, Boys J T, Kissin M L G, et al. A three-phase inductive power transfer system for roadway-powered vehicles[J]. IEEE Transactions on Industrial Electronics, 2007, 54(6): 3370-3378.

[48] Budhia M, Covic G, Boys J. A new IPT magnetic coupler for electric vehicle charging systems[C]. Proceedings of the 36th Annual Conference on IEEE Industrial Electronics Society, Glendale, 2010, 7500(1): 2487-2492.

[49] Chen L J, Tong W I S, Meyer B, et al. A contactless charging platform for swarm robots[C]. Proceedings of the 37th Annual Conference on IEEE Industrial Electronics Society, Melbourne, 2011, 5(2): 4088-4093.

[50] Raval P, Kacprzak D, Hu A P. A wireless power transfer system for low power electronics charging applications[C]. Proceedings of the 6th IEEE Conference on Industrial Electronics and Applications, Beijing, 2011, 49(20): 520-525.

[51] Budhia M, Boys J, Covic G, et al. Development of a single-sided flux magnetic coupler for electric vehicle IPT charging systems[J]. IEEE Transactions on Industrial Electronics, 2013, 60(1): 318-328.

[52] 李宏. 感应电能传输电力电子及电气自动化的新领域[J]. 电气传动, 2001, 31(2): 62-64.

[53] Wireless Power Consortium[EB/OL]. https://www.wirelesspowerconsortium.com.

[54] Power Matters Alliance[EB/OL]. https://en.wikipedia.org/wiki/Power_Matters_Alliance.

[55] 戴欣, 孙跃. 单轨行车新型供电方式及相关技术分析[J]. 重庆大学学报, 2003, 26(1): 50-53.

[56] Wu Y, Yan L G, Xu S G. A new contactless power delivery system[C]. Proceedings of the Sixth Electrical Machines and Systems, Beijing, 2003, 1: 253-256.

[57] 武瑛, 严陆光, 黄常纲, 等. 新型非接触电能传输系统的性能分析[J]. 电工电能新技术, 2003, 22(4): 10-13.

[58] 韩腾, 卓放, 王兆安. 采用非接触方式实现电能传输系统的研究[J]. 电气传动, 2004, 34(s1): 146-149.

[59] 武瑛, 严陆光, 徐善纲. 运动设备非接触供电系统耦合特性的研究[J]. 电工电能新技术, 2005, 24(3): 5-8.

[60] 韩腾, 卓放, 闫军凯, 等. 非接触电能传输系统频率分叉现象研究[J]. 电工电能新技术, 2005, 24(2): 44-47.

[61] 盛松涛, 杜贵平, 张波. 感应耦合式非接触电能传输系统设计[J]. 通信电源技术, 2007, 24(5): 33-36.

[62] 徐晔, 马皓. 串联补偿电压型非接触电能传输变换器的研究[J]. 电力电子技术, 2008, 42(3): 4-11.

[63] 杜贵平, 张波. 感应耦合式电能无线传输发展及其亟待解决的关键问题[J]. 国际电子变压器, 2009, (4): 92-95.

[64] 孙跃, 夏晨阳, 苏玉刚, 等. 导轨式非接触电能传输系统功率和效率的分析与优化[J]. 华南理工大学学报(自然科学版), 2010, 38(10): 123-129.

[65] 沈爱民. 无线电能传输关键技术问题与应用前景[M]. 北京: 中国科学技术出版社, 2012.

[66] Kurs A, Karalis A, Moffatt R, et al. Wireless power transfer via strongly coupled magnetic resonances[J]. Science, 2007, 317(5834): 83-86.

[67] Imura T, Okabe H, Hori Y. Basic experimental study on helical antennas of wireless power transfer for electric vehicles by using magnetic resonant couplings[C]. Proceedings of IEEE Vehicle Power and Propulsion Conference, Dearborn, 2009: 936-940.

[68] Sedwick R J. Long range inductive power transfer with superconducting oscillators[J]. Annals of Physics, 2010, 325(2): 287-299.

[69] Sedwick R J. A fully analytic treatment of resonant inductive coupling in the far field[J]. Annals of Physics, 2012, 327(2): 407-420.

[70] Kurs A, Moffatt R, Soljacic M. Simultaneous mid-range power transfer to multiple devices[J]. Applied Physics Letters, 2010, 96(4): 044102-044102-3.

[71] Lee S H, Lorenz R D. Development and validation of model for 95%-efficiency 220-W wireless power transfer over a 30-cm air gap[J]. IEEE Transactions on Industry Applications, 2011, 47(6): 2495-2504.

[72] Kim D W, Chung Y D, Kang H K, et al. Characteristics of contactless power transfer for HTS coil based on electromagnetic resonance coupling[J]. IEEE Transactions on Applied Superconductivity, 2012, 22(3): 5400604.

[73] Kim D W, Chung Y D, Kang H K, et al. Effects and properties of contactless power transfer for HTS receivers with four-separate resonance coils[J]. IEEE Transactions on Applied Superconductivity, 2013, 23(3): 5500404.

[74] Chen X Y, Jin J X. Resonant circuit and magnetic field analysis of superconducting contactless power transfer[C]. Proceedings of IEEE International Conference on Applied Superconductivity and Electromagnetic Devices, Sydney, 2011: 5-8.

[75] 张波, 黄润鸿, 王学梅, 等. 采用超导线圈的谐振耦合无线输电系统及其实现方法: 中国, CN201210503055.5[P]. 2012.11.30.

[76] Bait-Suwailam M M, Boybay M S, Ramahi O M. Electromagnetic coupling reduction in high-profile monopole antennas using single-negative magnetic metamaterials for MIMO applications[J]. IEEE Transactions on Antennas and Propagation, 2010, 58(9): 2894-2902.

[77] Urzhumov Y, Smith D R. Metamaterial-enhanced coupling between magnetic dipoles for efficient wireless power transfer[J]. Physical Review B, 2011, 83(20): 205114.

[78] Wang B, Teo K H, Nishino T, et al. Experiments on wireless power transfer with metamaterials[J]. Applied Physics Letters, 2011, 98(25): 254101-254101-3.

[79] Liou C Y, Kuo C J, Lee M L, et al. Wireless charging system of mobile handset using metamaterial-based cavity resonator[C]. Proceedings of IEEE MTT-S International Microwave Symposium Digest, Montreal, 2012: 1-3.

[80] Wang B, Teo K H. Metamaterials for wireless power transfer[C]. Proceedings of IEEE International Workshop on Antenna Technology, Tucson, 2012: 161-164.

[81] 环球网.电视跨入"无尾时代"海尔领跑"中国创造"[EB/OL]. http://finance.huanqiu.com/roll/2010-01/691636.html.

[82] Rezence(wireless charging standard)[EB/OL]. https://en.wikipedia.org/wiki/Rezence_(wireless_charging_standard).

[83] Hu A P, Liu C, Li H L. A novel contactless battery charging system for soccer playing robot[C]. Proceedings of 15th International Conference on Mechatronics and Machine Vision in Practice, Auckland, 2008: 646-650.

[84] 胡友强, 戴欣. 基于电容耦合的非接触电能传输系统模型研究[J]. 仪器仪表学报, 2010, 31(9): 2133-2139.

[85] Tsunekawa K. A feasibility study of wireless power transmission system by using two independent coupled electric fields[C]. Proceedings of IEEE MTT-S International Microwave Workshop Series on Innovative Wireless Power Transmission: Technologies, Systems and Applications, Uji, 2011: 141-144.

[86] Leyh G E, Kennan M D. Efficient wireless transmission of power using resonators with coupled electric fields[C]. Proceedings of the 40th North American Power Symposium, Calgary, 2008: 1-4.

[87] 傅文珍, 张波, 丘东元, 等. 自谐振线圈耦合式电能无线传输的最大效率分析与设计[J]. 中国电机工程学报, 2009, 29(18): 21-26.

[88] Zhu C B, Yu C L, Liu K, et al. Research on the topology of wireless energy transfer device[C]. Proceedings of IEEE Vehicle Power and Propulsion Conference, Harbin, 2008: 1-5.

[89] Zhu C B, Liu K, Yu C L, et al. Simulation and experimental analysis on wireless energy transfer based on magnetic resonances[C]. Proceedings of IEEE Vehicle Power and Propulsion Conference, Harbin, 2008: 1-4.

[90] 张献, 杨庆新, 陈海燕, 等. 电磁耦合谐振式无线电能传输系统的建模、设计与实验验证[J]. 中国电机工程学报, 2012, 32(21): 153-158.

[91] 杨庆新, 陈海燕, 徐桂芝, 等. 无接触电能传输技术的研究进展[J]. 电工技术学报, 2010, 25(7): 6-13.

[92] 谭林林, 黄学良, 黄辉, 等. 基于频率控制的磁耦合共振式无线电力传输系统传输效率优化控制[J]. 中国科学: 技术科学, 2011, 41(7): 913-919.

[93] 翟渊, 孙跃, 戴欣, 等. 磁共振模式无线电能传输系统建模与分析[J]. 中国电机工程学报, 2012, 32(12): 155-160.

[94] 赵争鸣, 张艺明, 陈凯楠. 磁耦合谐振式无线电能传输技术新进展[J]. 中国电机工程学报, 2013, 33(3): 1-13.

[95] Brown C W. The history of power transmission by radio waves[J]. IEEE Transactions on Microwave Theory and Techniques, 1984, 32(9): 1230-1242.

[96] Goubau G, Schwering F. On the guided propagation of electromagnetic wave beams[J]. IRE Transactions on Antennas and Propagation, 1961, AP-9(3): 248-256.

[97] Glaser P E. Power from the sun: Its future[J]. Science, 1968, 162(3856): 857-861.

[98] Dickinson R M. Performance of a high-power, 2.388-GHz receiving array in wireless power transmission over 1.54 km[C]. Proceedings of IEEE MTT-S International Microwave Symposium, Cherry Hill, 1976: 139-141.

[99] Schlesak J, Alden A, Ohno T. SHARP rectenna and low altitude flight trials[C]. Proceedings of IEEE Global Telecommunication Conference, New Orleans, 1985: 960-964.

[100] Matsumoto H, Kaya N, Kimura I, et al. MINIX project toward the solar power satellite-rocket experiment of microwave energy transmission and associated nonlinear plasma physics in the ionosphere[C]. Proc. ISAS Space Energy Symp., Japan, 1982: 69-76.

[101] Nagatomo M, Kaya N, Matsumoto H. Engineering aspect of the microwave ionosphere nonlinear interaction experiment(MINIX)with a sounding rocket[C]. Acta Astronaut., Japan, 1986, 13(1): 23-29.

[102] Fujino Y, Ito T, Kaya N, et al. A rectenna for MILAX[C]. Proc. Wireless Power Transm. Conf., Japan, 1993: 273-277.

[103] Celeste A, Jeanty P, Pignolet G. Case study in Reunion island[J]. Acta Astronautica, 2004, 54(4): 253-258.

[104] Foust J. A step forward for space solar power[EB/OL]. Space Rev., Sep. 15, 2008. http://www.thespacereview. com/article/1210/1.

[105] Evans P. Solar power beamed from space within a decade?[EB/OL].Gizmag, Feb. 22, 2009. Available: http://www.gizmag.com/solar-power-space-satellite/11064/.

[106] 林为干, 赵愉深, 文舸一, 等. 微波输电, 现代化建设的生力军[J]. 科技导报, 1994, 15(3): 31-34.

[107] 徐长龙, 徐君书, 徐得名. 管道探测微机器人微波输能系统激励装置[J]. 上海大学学报(自然科学版), 2000, 6(5): 403-406.

[108] 候欣宾, 王立. 空间太阳能电站技术发展现状及展望[J]. 航天系统与技术(中国航天), 2015, (2): 12-15.

[109] Yu C L, Lu R G, Mao Y H, et al. Research on the model of magnetic-resonance based wireless energy transfer system[C]. Proceedings of the 5th IEEE Vehicle Power and Propulsion Conference, Dearborn, 2009, 46(10): 414-418.

[110] Cheon S, Kim Y H, Kang S Y, et al. Circuit-model-based analysis of a wireless energy-transfer system via coupled magnetic resonances[J]. IEEE Transactions on Industry Electronics, 2011, 58(7): 2906-2914.

[111] Barton T, Gordonson J, Perreault D. Transmission line resistance compression networks and applications to wireless power transfer[J]. IEEE Journal of Emerging and Selected Topics in Power Electronics, 2015, 3(1): 252-260.

[112] Karalis A, Joannopoulos J D, Soljačić M. Efficient wireless non-radiative mid-range energy transfer[J]. Annals of Physics, 2008, 323(1): 34-48.

[113] Ho S L, Wang J H, Fu W N, et al. A comparative study between novel witricity and traditional inductive magnetic coupling in wireless charging[J]. IEEE Transactions on Magnetics, 2011, 47(5): 1522-1525.

第 2 章　感应无线电能传输系统的原理及模型

本章将分析感应无线电能传输系统的基本结构，并基于松耦合变压器原理，建立感应无线电能传输系统的发射线圈和接收线圈的分析模型，包括理想模型、磁导率模型、漏感模型和互感模型。理想模型将松耦合变压器视为一种无损耗全耦合的理想变压器，耦合系数接近 1，励磁电感无穷大，即不考虑漏磁通、忽略线圈的损耗；磁导率模型将励磁电流考虑在内，从而在理想变压器模型上增加了励磁电感的作用，但不考虑漏磁通的影响，仍属于全耦合；漏感模型主要着眼于漏磁的作用，将漏磁通和励磁电流同时考虑在内；互感模型是从互感出发，将所有因素均考虑在内，与实际感应无线电能传输系统的松耦合变压器模型一致，因此，本章将采用感应无线电能传输系统的互感模型，对 SS(series-series，串-串)型、SP(series-parallel，串-并)型、PP(parallel-parallel，并-并)型和 PS(parallel-series，并-串)型 4 种不同补偿网络的感应无线电能传输系统进行建模。

2.1　感应无线电能传输的基本概念

2.1.1　基本结构

感应无线电能传输系统主要由三大部分构成，分别为发射线圈和接收线圈、发射线圈和接收线圈的无功补偿网络、发射线圈和接收线圈的电能调节电路，如图 2.1 所示。

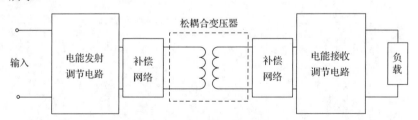

图 2.1　感应无线电能传输系统

发射线圈和接收线圈构成一个松耦合变压器，利用磁感应原理无线传输电能；发射线圈和接收线圈的无功补偿网络，一般由电感、电容组成，对松耦合变压器进行无功功率补偿，主要有 SS 型、SP 型、PP 型和 PS 型 4 种不同补偿网络[1~5]；发射线圈和接收线圈电能调节电路由整流电路、滤波电路、高频逆变装置和控制电路组成，用于控制输入和输出电压。

感应无线电能传输的工作过程是电网的工频交流电经过整流滤波转换成直流电,再通过高频逆变转换成高频交流电,经无功补偿网络后,在发射线圈产生高频交变磁场;高频交变磁场耦合到接收线圈产生感应电压,再经无功补偿网络后,通过整流电路、滤波电路或整流电路、滤波电路和逆变电路,输出直流或交流电,以满足负载的需要[6]。发射端和接收端之间相对独立,无机械、电气连接,仅有磁耦合,松耦合变压器以磁场为载体将电能从发射线圈传输至接收线圈,在无线电能传输系统中起磁耦合作用[7]。

2.1.2　工作原理

感应无线电能传输系统的松耦合变压器,其原理与传统的变压器相似[8,9](图2.2),都是基于法拉第电磁感应定律[10,11],通过发射线圈和接收线圈之间的交变磁场耦合来实现电能的变换和传输。

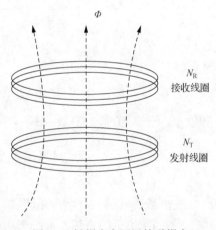

图 2.2　松耦合变压器的磁耦合

假设发射线圈与接收线圈中的耦合交流磁通为 $\Phi=\Phi_m\sin\omega t$,则在接收线圈中产生的感应电势为[10]

$$e_{\mathrm{R}} = -N_{\mathrm{R}}\frac{\mathrm{d}\Phi}{\mathrm{d}t} = -2\pi f\,N_{\mathrm{R}}\Phi_m\cos\omega t \tag{2-1}$$

式中,e_{R} 为接收线圈中的感应电势;f 为磁场交变频率;N_{R} 为接收线圈匝数。为统一符号,用 T、R 分别表示发射线圈、接收线圈的变量下标,T 为英文 Transmitter(发射)的首字母;R 为英文 Receiver(接收)的首字母。

由式(2-1)可见,发射线圈与接收线圈中的耦合磁通越大,即互感越大,也即 Φ_m 越大,则感应电势 e_{R} 越大,电能传输特性越好。然而,由于发射线圈与接收线圈之间没有铁芯导磁回路相连接,漏磁较大,磁通耦合受到影响,导致 Φ_m 减小，则 e_R 较小，传输的电能受到限制。因此，在一定的发射线圈及接收线圈尺寸及输出功率的要求下，发射线圈与接收线圈之间的距离受到限制，电能只能在很近的距离进行传输。此外，为了补偿漏磁产生的无功功率，还需对发射线圈与接收线圈进行无功补偿[11~15]。

2.2　松耦合变压器模型

松耦合变压器一般采用分离铁芯结构，发射线圈及接收线圈分别绕在不同的铁芯上，如图 2.3(a) 和 (b) 所示。

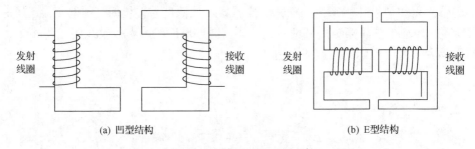

(a) 凹型结构　　　　　　　　　　　　　　　(b) E型结构

图 2.3　松耦合变压器结构

松耦合变压器有 4 种模型，分别为理想模型、磁导率模型、漏感模型和互感模型[16,17]。

2.2.1　理想模型

假设磁芯磁导率 $\mu=\infty$，发射线圈和接收线圈电阻为零，无漏磁、无损耗、磁场全耦合[10,16,17]，则可得到如图 2.4 所示的理想松耦合变压器等效电路。

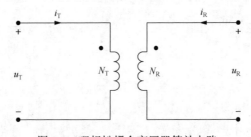

图 2.4　理想松耦合变压器等效电路

参见图 2.4，松耦合变压器可用以下方程描述

$$\frac{u_T}{u_R} = \frac{N_T}{N_R} = n \tag{2-2}$$

$$\frac{i_\text{T}}{i_\text{R}} = -\frac{N_\text{R}}{N_\text{T}} = -\frac{1}{n} \tag{2-3}$$

式(2-2)和式(2-3)中，u_T、i_T 和 N_T 分别为发射线圈的端电压、电流和匝数；u_R、i_R 和 N_R 分别为接收线圈的端电压、电流和匝数；n 定义为发射线圈与接收线圈的匝数比。

此时，由于接收线圈中的感应电势为

$$e_\text{R} = u_\text{R} = \frac{1}{n}u_\text{T} \tag{2-4}$$

则有

$$p_\text{R} = u_\text{R}i_\text{R} = e_\text{R}i_\text{R} = \frac{1}{n}u_\text{T}i_\text{R} = \frac{1}{n}u_\text{T}(-ni_\text{T}) = -u_\text{T}i_\text{T} = -p_\text{T}$$

故得

$$p_\text{R} + p_\text{T} = 0 \tag{2-5}$$

式(2-5)是理想变压器的发射线圈和接收线圈的瞬时功率之和，表明理想变压器将发射线圈的电能全部传输到接收线圈，传输过程中，仅仅对电压、电流按变比变换，既不消耗能量也不储存能量[10]。能量仅在发射线圈与接收线圈之间相互交换，任意时刻大小相等、方向相反，电磁能量从发射线圈到接收线圈的传输特性最好。

2.2.2　磁导率模型

实际上，松耦合变压器的磁芯磁导率 μ 不可能为无限大，即存在励磁电流 i_m 和励磁电感 L_m，考虑磁导率的松耦合变压器等效电路如图 2.5 所示[16~19]。

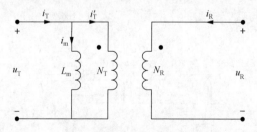

图 2.5　考虑磁导率的松耦合变压器等效电路

参见图 2.5，松耦合变压器的电压方程仍然是

$$\frac{u_\text{T}}{u_\text{R}} = \frac{N_\text{T}}{N_\text{R}} = n \tag{2-6}$$

但电流方程变化为

$$i_T = i_m + i'_T \tag{2-7}$$

$$\frac{i'_T}{i_R} = -\frac{N_R}{N_T} = -\frac{1}{n} \tag{2-8}$$

此时，接收线圈中的感应电势依然是

$$e_R = u_R = \frac{1}{n} u_T \tag{2-9}$$

但

$$p_R = u_R i_R = e_R i_R = \frac{1}{n} u_T i_R = \frac{1}{n} u_T(-n i'_T) = u_T(-i_T + i_m) = -p_T + u_T i_m$$

则有

$$p_R + p_T = u_T i_m \tag{2-10}$$

对比式(2-5)可知，由于发射线圈存在励磁电流，需提供建立磁场的无功功率 $u_T i_m$，发射线圈中的能量与接收线圈中的能量不平衡，电能不能完全从发射线圈无线传输到接收线圈，电能利用率受到影响。

2.2.3　漏感模型

松耦合变压器气隙大，发射线圈与接收线圈都存在漏磁，图 2.6 是考虑漏磁的凹型结构松耦合变压器的磁场分布。图中，Φ_{TT}、Φ_{RR} 分别为发射线圈电流 i_T、接收线圈电流 i_R 产生的磁通；Φ_{RT} 为 Φ_{TT} 与接收线圈交链的磁通；Φ_{TR} 为 Φ_{RR} 与发射线圈交链的磁通；Φ_{Tl}、Φ_{Rl} 分别为发射线圈和接收线圈产生的漏磁通；Φ 为同时交链发射线圈与接收线圈的主磁通[16,17]，且有 $\Phi = \Phi_{TR} + \Phi_{RT}$，则 $\Phi_T = \Phi + \Phi_{Tl}$ 和 $\Phi_R = \Phi + \Phi_{Rl}$。

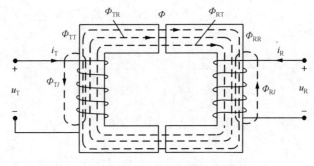

图 2.6　考虑漏磁通的松耦合变压器磁场分布

参见图 2.6，松耦合变压器可用以下方程描述

$$u_{\mathrm{T}} = N_{\mathrm{T}} \frac{\mathrm{d}\Phi_{\mathrm{T}}}{\mathrm{d}t} \tag{2-11}$$

$$u_{\mathrm{R}} = N_{\mathrm{R}} \frac{\mathrm{d}\Phi_{\mathrm{R}}}{\mathrm{d}t} \tag{2-12}$$

将式(2-11)和式(2-12)写成电感形式，则有

$$u_{\mathrm{T}} = N_{\mathrm{T}} \frac{\mathrm{d}\Phi_{\mathrm{T}}}{\mathrm{d}t} = N_{\mathrm{T}} \frac{\mathrm{d}\Phi}{\mathrm{d}t} + N_{\mathrm{T}} \frac{\mathrm{d}\Phi_{\mathrm{T}l}}{\mathrm{d}t} = L_{\mathrm{m}} \frac{\mathrm{d}i_{\mathrm{m}}}{\mathrm{d}t} + L_{\mathrm{T}l} \frac{\mathrm{d}i_{\mathrm{T}}}{\mathrm{d}t} \tag{2-13}$$

$$u_{\mathrm{R}} = N_{\mathrm{R}} \frac{\mathrm{d}\Phi_{\mathrm{R}}}{\mathrm{d}t} = N_{\mathrm{R}} \frac{\mathrm{d}\Phi}{\mathrm{d}t} + N_{\mathrm{R}} \frac{\mathrm{d}\Phi_{\mathrm{R}l}}{\mathrm{d}t} = \frac{L_{\mathrm{m}}}{n} \frac{\mathrm{d}i_{\mathrm{m}}}{\mathrm{d}t} + L_{\mathrm{R}l} \frac{\mathrm{d}i_{\mathrm{R}}}{\mathrm{d}t} \tag{2-14}$$

式(2-13)和式(2-14)中，发射线圈漏感为 $L_{\mathrm{T}l} = N_{\mathrm{T}}^2 \Lambda_{\mathrm{T}l}$，$\Lambda_{\mathrm{T}l}$ 为发射线圈漏磁路的磁导；接收线圈漏感为 $L_{\mathrm{R}l} = N_{\mathrm{R}}^2 \Lambda_{\mathrm{R}l}$，$\Lambda_{\mathrm{R}l}$ 为接收线圈漏磁路的磁导；励磁电感为 $L_{\mathrm{m}} = N_{\mathrm{T}}^2 \Lambda_{\mathrm{m}}$，$\Lambda_{\mathrm{m}}$ 为发射线圈与接收线圈主磁路的磁导。

将接收线圈参数折算到发射线圈，有 $i_{\mathrm{R}}' = \frac{1}{n} i_{\mathrm{R}}$、$u_{\mathrm{R}}' = n u_{\mathrm{R}}$ 和 $L_{\mathrm{R}l}' = n^2 L_{\mathrm{R}l}$，则式(2-14)可表示成

$$u_{\mathrm{R}}' = L_{\mathrm{m}} \frac{\mathrm{d}i_{\mathrm{m}}}{\mathrm{d}t} + L_{\mathrm{R}l}' \frac{\mathrm{d}i_{\mathrm{R}}'}{\mathrm{d}t} \tag{2-15}$$

综合式(2-13)和式(2-15)即为松耦合变压器漏感模型，也称 T 型模型，其等效电路如图 2.7(a)所示[16~22]。若考虑发射线圈和接收线圈的电阻、磁芯铁耗，可得考虑损耗的松耦合变压器漏感模型，其等效电路如图 2.7(b)所示，图中，R_{T}、R_{R} 和 R_{m} 分别为发射线圈、接收线圈的电阻和磁芯铁耗等效电阻。

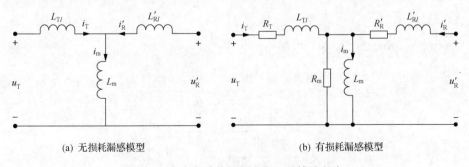

(a) 无损耗漏感模型　　　　　　　　　　　(b) 有损耗漏感模型

图 2.7　考虑漏感的松耦合变压器等效电路

对于无损耗漏感模型，参见式(2-13)和式(2-14)，接收线圈中的感应电势为

$$e_R = \frac{L_m}{n}\frac{di_m}{dt} = \frac{1}{n}\left(u_T - L_{Tl}\frac{di_T}{dt}\right) \tag{2-16}$$

则有

$$p_R = u_R i_R = \left[\frac{1}{n}\left(u_T - L_{Tl}\frac{di_T}{dt}\right) + L_{Rl}\frac{di_R}{dt}\right]i_R \tag{2-17}$$

参见图 2-7(a)，有

$$i_R' = \frac{1}{n}i_R = -i_T + i_m$$

将其代入式(2-17)，可得

$$p_R = u_R i_R = -p_T + u_T i_m + \left(L_{Rl}i_R\frac{di_R}{dt} + L_{Tl}i_T\frac{di_T}{dt} - L_{Tl}i_m\frac{di_T}{dt}\right)$$

即

$$p_R + p_T = u_T i_m + \left(L_{Rl}i_R\frac{di_R}{dt} + L_{Tl}i_T\frac{di_T}{dt} - L_{Tl}i_m\frac{di_T}{dt}\right) \tag{2-18}$$

式(2-18)表明，由于此时的发射线圈和接收线圈均存在漏磁，且发射线圈存在励磁电流，需提供相应的无功功率，因此，发射线圈不能将电源能量全部传输到接收线圈，电能利用率受到影响。而对于有损漏感模型，参见图 2.7(b)，除了电能利用率受到影响外，线圈的电阻及磁芯还将产生损耗，电能利用率和效率均会降低。

2.2.4 互感模型

式(2-11)和式(2-12)还可以表示为如下形式

$$\begin{aligned} u_T &= N_T\frac{d\Phi_T}{dt} = N_T\frac{d(\Phi_{TR} + \Phi_{RT} + \Phi_{Tl})}{dt} \\ &= N_T\frac{d(\Phi_{RT} + \Phi_{Tl})}{dt} + N_T\frac{d\Phi_{TR}}{dt} \\ &= N_T\frac{d\Phi_{TT}}{dt} + N_T\frac{d\Phi_{TR}}{dt} = L_T\frac{di_T}{dt} + M\frac{di_R}{dt} \end{aligned} \tag{2-19}$$

$$u_R = N_R \frac{d\Phi_R}{dt} = N_R \frac{d(\Phi_{TR} + \Phi_{RT} + \Phi_{Rl})}{dt}$$

$$= N_R \frac{d\Phi_{RT}}{dt} + N_R \frac{d(\Phi_{TR} + \Phi_{Rl})}{dt} \tag{2-20}$$

$$= N_R \frac{d\Phi_{RT}}{dt} + N_R \frac{d\Phi_{RR}}{dt} = M \frac{di_T}{dt} + L_R \frac{di_R}{dt}$$

式(2-19)和式(2-20)中，发射线圈的自感为 $L_T = L_m + L_{Tl}$；接收线圈的自感为 $L_R = \frac{1}{n^2} L_m + L_{Rl}$；发射线圈与接收线圈之间的互感为 $M = \frac{1}{n} L_m$。

式(2-19)和式(2-20)对应的松耦合变压器模型称为互感模型，等效电路如图 2.8(a)所示[16,17,23]。当考虑发射线圈和接收线圈的电阻和磁芯铁耗时，可以得到考虑损耗的松耦合变压器互感模型，如图 2.8(b)所示。

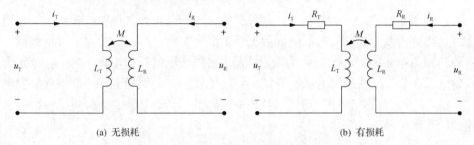

(a) 无损耗　　　　　　　　　　　　　(b) 有损耗

图 2.8　松耦合变压器互感模型的等效电路

将式(2-16)用互感表示，则有

$$e_R = \frac{L_m}{n} \frac{di_m}{dt} = M \frac{di_m}{dt} \tag{2-21}$$

式(2-21)表明，接收线圈中的感应电势取决于发射线圈与接收线圈之间的互感，也即互感对感应无线电能传输的特性具有决定性作用。

以上松耦合变压器的 4 种模型中，理想模型只适合于无漏磁、全耦合、无损耗的感应无线电能传输系统的分析；磁导率模型适合于无漏磁、全耦合、有损耗的感应无线电能传输系统的分析；漏感模型和互感模型适合于有漏磁、有损耗的感应无线电能传输系统的分析，其中，互感模型最适合于感应无线电能传输系统的建模分析。

2.3　感应无线电能传输系统建模

感应无线电能传输系统模型是对图 2.1 完整的数学描述。由于一般分析时，可以认为电能发射调节电路输出交流稳定，则感应无线电能传输系统建模可以只考虑松耦合变压器、发射线圈和接收线圈补偿网络。松耦合变压器模型在前节已经建立，本节将根据补偿网络的形式，基于有损耗松耦合变压器的互感模型，建立感应无线电能传输系统模型。

补偿网络与松耦合变压器的连接方式有 4 种，从而构成 4 种基本的感应无线电能传输拓扑结构，分别为 SS 型感应无线电能传输系统，即发射线圈和接收线圈与补偿网络均采用串联形式；SP 型感应无线电能传输系统，即发射线圈与补偿网络采用串联形式，接收线圈与补偿网络采用并联形式；PP 型感应无线电能传输系统，即发射线圈和接收线圈与补偿网络均采用并联形式；PS 型感应无线电能传输系统，即发射线圈与补偿网络采用并联形式，接收线圈与补偿网络采用串联形式[1~5,15,16]。根据电压或电流补偿性质，SS 型、SP 型又称为电压源型感应无线电能传输系统，PP 型、PS 型又称为电流源型感应无线电能传输系统。

2.3.1　SS 型感应无线电能传输系统模型

参见图 2.8（b），SS 型感应无线电能传输系统等效电路如图 2.9 所示[1~5]，采用串联电容补偿发射线圈和接收线圈的无功功率。图中，L_T、L_R 分别为发射线圈、接收线圈的电感；C_T、C_R 分别为发射线圈、接收线圈的补偿电容；R_T、R_R 分别为发射线圈、接收线圈的内阻；R_L 为接收线圈负载。C_T 与发射线圈串联组成发射电路，C_R、R_L 与接收线圈串联组成接收电路，u_{in} 为电压源的电压，即电能发射调节电路输出电压。

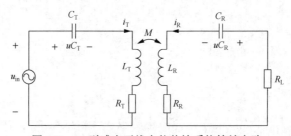

图 2.9　SS 型感应无线电能传输系统等效电路

参见图 2.9，SS 型感应无线电能传输系统的电路方程如下：

$$i_T R_T + u_{C_T} + L_T \frac{\mathrm{d}i_T}{\mathrm{d}t} + M \frac{\mathrm{d}i_R}{\mathrm{d}t} = u_{in}$$

$$i_R(R_R + R_L) + u_{C_R} + M \frac{\mathrm{d}i_T}{\mathrm{d}t} + L_R \frac{\mathrm{d}i_R}{\mathrm{d}t} = 0$$

$$i_T = i_{C_T} = C_T \frac{\mathrm{d}u_{C_T}}{\mathrm{d}t}$$

$$i_R = i_{C_R} = C_R \frac{\mathrm{d}u_{C_R}}{\mathrm{d}t}$$

(2-22)

　　给定初值，求解式(2-22)就可以得出 SS 型感应无线电能传输系统的动态特性。

　　当系统稳定运行时，由于式(2-22)中所有变量都是同频正弦量，可用以下相量方程描述

$$[R_T + j(\omega L_T - \frac{1}{\omega C_T})]\dot{I}_T + j\omega M\dot{I}_R = \dot{U}_{in}$$
$$j\omega M\dot{I}_T + \left[R_R + R_L + j\left(\omega L_R - \frac{1}{\omega C_R}\right)\right]\dot{I}_R = 0 \tag{2-23}$$

式中，$\dot{U}_{in}$ 为输入电压 u_{in} 的相量；$\dot{I}_T$、$\dot{I}_R$ 分别为流过发射线圈、接收线圈的电流 i_T、i_R 的相量；ω 为 u_{in} 的角频率。

　　由式(2-23)求得 $\dot{I}_T$、$\dot{I}_R$ 如下：

$$\dot{I}_T = \frac{\dot{U}_{in}}{Z_T + \dfrac{(\omega M)^2}{Z_R}}$$
$$\dot{I}_R = -\frac{j\omega M Y_T \dot{U}_{in}}{Z_R + \dfrac{(\omega M)^2}{Z_T}} \tag{2-24}$$

式中，$Z_T = R_T + j\left(\omega L_T - \dfrac{1}{\omega C_T}\right)$，$Z_R = R_R + R_L + j\left(\omega L_R - \dfrac{1}{\omega C_R}\right)$，$Y_T$ 为 Z_T 的倒数。

　　定义 Z_{RF} 为反射阻抗，为接收线圈及其补偿网络、负载通过互感反映到发射线圈的等效阻抗，其值为

$$Z_{RF} = \frac{(\omega M)^2}{Z_R} \tag{2-25}$$

　　由此可得系统主要参数如下：

(1)发射线圈等效输入阻抗

$$Z_{Tin} = Z_T + Z_{RF} = Z_T + \frac{(\omega M)^2}{Z_R} \tag{2-26}$$

(2)接收线圈等效输出阻抗

$$Z_{R_o} = Z_R + \frac{(\omega M)^2}{Z_T} \tag{2-27}$$

由式(2-24)、式(2-26)和式(2-27)可以得到如图 2.10 所示的 SS 型感应无线电能传输系统的稳态等效电路。

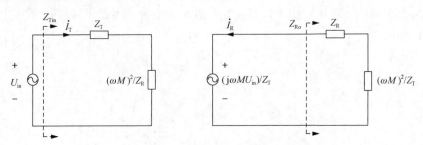

图 2.10　SS 型感应无线电能传输系统稳态等效电路

2.3.2　SP 型感应无线电能传输系统模型

参见图 2.8(b)，SP 型感应无线电能传输系统等效电路如图 2.11 所示[1~5,24,25]，采用串联和并联电容补偿发射线圈和接收线圈的无功功率。图中，C_T 与发射线圈串联组成发射电路，C_R、R_L 与接收线圈并联组成接收电路。

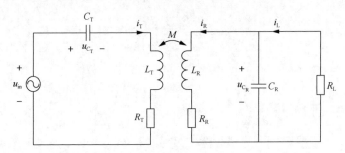

图 2.11　SP 型感应无线电能传输系统等效电路

参见图 2.11，SP 型感应无线电能传输系统电路方程为

$$i_T R_T + u_{C_T} + L_T \frac{\mathrm{d}i_T}{\mathrm{d}t} + M \frac{\mathrm{d}i_R}{\mathrm{d}t} = u_{in}$$

$$i_L R_L + i_R R_R + M \frac{\mathrm{d}i_T}{\mathrm{d}t} + L_R \frac{\mathrm{d}i_R}{\mathrm{d}t} = 0$$

$$i_T = i_{C_T} = C_T \frac{\mathrm{d}u_{C_T}}{\mathrm{d}t} \tag{2-28}$$

$$i_{C_R} = C_R \frac{\mathrm{d}u_{C_R}}{\mathrm{d}t} = -R_L C_R \frac{\mathrm{d}i_L}{\mathrm{d}t}$$

$$i_L = i_R + i_{C_R}$$

给定初值，通过求解式(2-28)就可以得出 SP 型感应无线电能传输系统的动态特性。

当系统稳定运行时，由于式(2-28)中所有变量都是同频正弦量，可用以下相量方程描述。

$$\left[R_T + j\left(\omega L_T - \frac{1}{\omega C_T}\right)\right]\dot{I}_T + j\omega M\dot{I}_R = \dot{U}_{in}$$

$$j\omega M\dot{I}_T + R_L\dot{I}_L + (R_R + j\omega L_R)\dot{I}_R = 0 \qquad (2\text{-}29)$$

$$R_L\dot{I}_L = -\left(\dot{I}_L - \dot{I}_R\right)\frac{1}{j\omega C_R}$$

式中，$\dot{I}_L$ 为负载电流 i_L 的相量。

由式(2-29)可得 $\dot{I}_T$、$\dot{I}_R$ 和 $\dot{I}_L$ 如下：

$$\dot{I}_T = \frac{\dot{U}_{in}}{Z_T + \dfrac{(\omega M)^2}{Z_R'}}$$

$$\dot{I}_R = -\frac{j\omega M Y_T \dot{U}_{in}}{Z_R' + \dfrac{(\omega M)^2}{Z_T}} \qquad (2\text{-}30)$$

$$\dot{I}_L = \frac{\dot{I}_R}{j\omega C_R R_L + 1}$$

式中，$Z_T = R_T + j\left(\omega L_T - \dfrac{1}{\omega C_T}\right)$，$Z_R' = R_R + j\omega L_R + \dfrac{1}{\dfrac{1}{R_L} + j\omega C_R}$，$Y_T$ 为 Z_T 的倒数。

比较式(2-30)和式(2-24)，可以看出 SP 型和 SS 型感应无线电能传输系统发射线圈和接收线圈中的电流表达式形式完全相同，只是 Z_R 和 Z_R' 的表达式不同。

同样可以定义反射阻抗为

$$Z_{RF} = \frac{(\omega M)^2}{Z_R'} \qquad (2\text{-}31)$$

由此可得系统主要参数如下：

(1)发射线圈等效输入阻抗

$$Z_{Tin} = Z_T + Z_{RF} = Z_T + \frac{(\omega M)^2}{Z'_R} \tag{2-32}$$

(2)接收线圈等效输出阻抗

$$Z_{R_o} = Z'_R + \frac{(\omega M)^2}{Z_T} \tag{2-33}$$

由式(2-30)、式(2-32)和式(2-33)可以得到如图 2.12 所示的 SP 型感应无线电能传输系统的稳态等效电路。

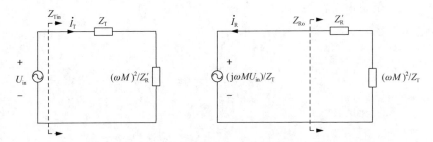

图 2.12　SP 型感应无线电能传输系统稳态等效电路

2.3.3　PP 型感应无线电能传输系统模型

参见图 2.8(b)，PP 型感应无线电能传输系统等效电路如图 2.13 所示，采用并联电容补偿发射线圈和接收线圈的无功功率[1~5,26]。图中，C_T 与发射线圈并联组成发射电路，C_R、R_L 与接收线圈并联组成接收电路；i_{in} 为电能发射调节电路输出电流。

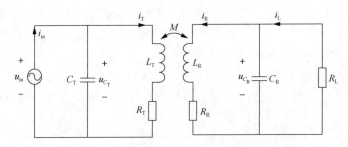

图 2.13　PP 型感应无线电能传输系统等效电路

参见图 2.13，PP 型感应无线电能传输系统的电路方程为

$$i_T R_T + L_T \frac{di_T}{dt} + M \frac{di_R}{dt} = u_{in}$$

$$i_L R_L + i_R R_R + M \frac{di_T}{dt} + L_R \frac{di_R}{dt} = 0$$

$$i_{C_T} = C_T \frac{du_{C_T}}{dt} = C_T \frac{du_{in}}{dt} \qquad\qquad (2\text{-}34)$$

$$i_{in} = i_{C_T} + i_L$$

$$i_{C_R} = C_R \frac{du_{C_R}}{dt} = -R_L C_R \frac{di_L}{dt}$$

$$i_L = i_R + i_{C_R}$$

给定初值，求解式 (2-34) 就可以得出 PP 型感应无线电能传输系统的动态特性。

当系统稳定运行时，由于式 (2-34) 中所有变量都是同频正弦量，可用以下相量方程描述。

$$(R_T + j\omega L_T)\dot{I}_T + j\omega M \dot{I}_R = \dot{U}_{in}$$

$$\dot{U}_{in} = \dot{U}_{C_T} = \left(\dot{I}_{in} - \dot{I}_T\right)\frac{1}{j\omega C_T}$$

$$j\omega M \dot{I}_T + R_L \dot{I}_L + (R_R + j\omega L_R)\dot{I}_R = 0 \qquad\qquad (2\text{-}35)$$

$$\dot{I}_L R_L = -\left(\dot{I}_L - \dot{I}_R\right)\frac{1}{j\omega C_R}$$

式中，$\dot{I}_{in}$ 为系统输入电流 i_{in} 的相量。

由式 (2-35) 可得 $\dot{I}_T$、$\dot{I}_R$ 和 $\dot{I}_L$ 如下：

$$\dot{I}_T = \frac{\dot{U}_{in}}{Z_T' + \dfrac{(\omega M)^2}{Z_R'}}$$

$$\dot{I}_R = -\frac{j\omega M Y_T' \dot{U}_{in}}{Z_R' + \dfrac{(\omega M)^2}{Z_T'}} \qquad\qquad (2\text{-}36)$$

$$\dot{I}_L = \frac{\dot{I}_R}{j\omega C_R R_L + 1}$$

式中，$Z_T' = R_T + j\omega L_T$，$Z_R' = R_R + j\omega L_R + \dfrac{1}{\dfrac{1}{R_L} + j\omega C_R}$，$Y_T'$ 为 Z_T' 的倒数。

比较式(2-36)和式(2-24)，可以看出 PP 型和 SS 型感应无线电能传输系统发射线圈和接收线圈中的电流表达式形式完全相同，只是 Z_T 和 Z'_T、Z_R 和 Z'_R 的表达式不同。

此时，系统的输入电流不等于发射线圈中的电流，系统的输入电流为

$$\dot{I}_{in} = \left(\cfrac{1}{Z'_T + \cfrac{(\omega M)^2}{Z'_R}} + j\omega C_T \right) \dot{U}_{in} \tag{2-37}$$

同样，可以定义反射阻抗为

$$Z_{RF} = \frac{(\omega M)^2}{Z'_R} \tag{2-38}$$

由此可得系统主要参数如下：

(1) 系统等效输入阻抗

$$Z_{in} = \cfrac{1}{\cfrac{1}{Z'_T + Z_{RF}} + j\omega C_T} = \cfrac{1}{\cfrac{1}{Z'_T + \cfrac{(\omega M)^2}{Z'_R}} + j\omega C_T} \tag{2-39}$$

(2) 接收电路等效输出阻抗

$$Z_{R_o} = Z'_R + \frac{(\omega M)^2}{Z'_T} \tag{2-40}$$

由式(2-36)、式(2-37)、式(2-39)和式(2-40)可以得到如图 2.14 所示的 PP 型感应无线电能传输系统稳态等效电路。

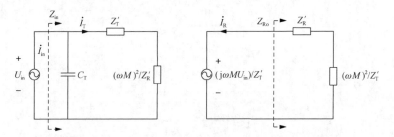

图 2.14　PP 型感应无线电能传输系统稳态等效电路

2.3.4　PS 型感应无线电能传输系统模型

参见图 2.8(b)，PS 型感应无线电能传输系统等效电路如图 2.15 所示[1~5]，图

中，C_T 与发射线圈并联组成发射电路，C_R、R_L 与接收线圈串联组成接收电路。

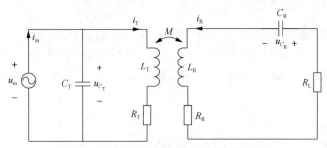

图 2.15　PS 型感应无线电能传输系统模型

参见图 2.15，PS 型感应无线电能传输系统方程如下：

$$i_T R_T + L_T \frac{\mathrm{d}i_T}{\mathrm{d}t} + M \frac{\mathrm{d}i_R}{\mathrm{d}t} = u_{in}$$

$$i_R (R_R + R_L) + M \frac{\mathrm{d}i_T}{\mathrm{d}t} + L_R \frac{\mathrm{d}i_R}{\mathrm{d}t} + u_{C_R} = 0$$

$$i_{C_T} = C_T \frac{\mathrm{d}u_{C_T}}{\mathrm{d}t} = C_T \frac{\mathrm{d}u_{in}}{\mathrm{d}t} \qquad (2\text{-}41)$$

$$i_{in} = i_{C_T} + i_L$$

$$i_R = i_{C_R} = C_R \frac{\mathrm{d}u_{C_R}}{\mathrm{d}t}$$

给定初值，求解式(2-41)就可以得出 PS 型感应无线电能传输系统的动态特性。

当系统稳定运行时，由于式(2-41)中所有变量都是同频正弦量，可用以下相量方程描述。

$$(R_T + \mathrm{j}\omega L_T)\dot{I}_T + \mathrm{j}\omega M \dot{I}_R = \dot{U}_{in}$$

$$\mathrm{j}\omega M \dot{I}_T + \left[R_R + R_L + \mathrm{j}\left(\omega L_R - \frac{1}{\omega C_R} \right) \right] \dot{I}_R = 0 \qquad (2\text{-}42)$$

$$\left(\dot{I}_{in} - \dot{I}_T \right) \frac{1}{\mathrm{j}\omega C_T} = \dot{U}_{in}$$

由式(2-42)可得 $\dot{I}_T$、$\dot{I}_R$ 如下：

$$\dot{I}_T = \frac{\dot{U}_{in}}{Z_T' + \dfrac{(\omega M)^2}{Z_R}}$$

$$\qquad (2\text{-}43)$$

$$\dot{I}_R = -\frac{\mathrm{j}\omega M Y_T' \dot{U}_{in}}{Z_R + \dfrac{(\omega M)^2}{Z_T'}}$$

式中，$Z_T' = R_T + j\omega L_T$，$Z_R = R_R + R_L + j\left(\omega L_R - \dfrac{1}{\omega C_R}\right)$。

比较式(2-43)和式(2-24)可以看出，PS 型和 SS 型感应无线电能传输系统发射线圈和接收线圈中的电流表达式形式完全一样，只是 Z_T 和 Z_T' 的表达式不同。

此时，系统的输入电流不等于发射线圈中的电流，系统的输入电流为

$$\dot{I}_{in} = \left(\frac{1}{Z_T' + \dfrac{(\omega M)^2}{Z_R}} + j\omega C_T\right)\dot{U}_{in} \tag{2-44}$$

同样，可以定义反射阻抗为

$$Z_{RF} = \frac{(\omega M)^2}{Z_R} \tag{2-45}$$

由此可得系统主要参数如下：

(1) 系统等效输入阻抗

$$Z_{in} = \frac{1}{\dfrac{1}{Z_T' + Z_{RF}} + j\omega C_T} = \frac{1}{\dfrac{1}{Z_T' + \dfrac{(\omega M)^2}{Z_R}} + j\omega C_T} \tag{2-46}$$

(2) 接收电路等效输出阻抗

$$Z_{R_o} = Z_R + \frac{(\omega M)^2}{Z_T'} \tag{2-47}$$

由式(2-43)、式(2-44)、式(2-46)和式(2-47)可以得到如图 2.16 所示的 PS 型感应无线电能传输系统的稳态等效电路。

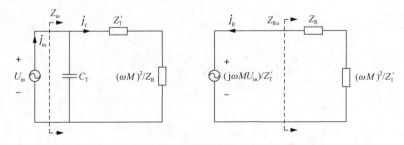

图 2.16　PS 型感应无线电能传输系统稳态等效电路

　　综合以上对 SS 型、SP 型、PP 型和 PS 型 4 种类型感应无线电能传输系统模型的分析结果，分别得到表 2.1 和表 2.2。由表 2.1 和表 2.2 可见，感应无线电能传输系统的输入电流、接收线圈负载电流表达式取决于发射线圈和接收线圈与补偿网络的连接方式，即 SS 型、SP 型系统的输入电流表达式一样，PP 型、PS 型系统的输入电流表达式一样；SS 型、PS 型接收线圈负载电流表达式一样，SP 型、PP 型接收线圈负载电流表达式一样；4 种类型的感应无线电能传输系统的等效输入阻抗和接收电路的等效输出阻抗的表达式各不相同。因此，根据感应无线电能传输系统模型可以分析它们的工作特性。

表 2.1　4 种类型的系统输入电流和接收线圈负载电流

类型	系统的输入电流 $\dot{I}_{in}$	接收线圈负载电流 $\dot{I}_{L}$
SS	$\dot{I}_{T}$	$\dot{I}_{R}$
SP	$\dot{I}_{T}$	$\dfrac{\dot{I}_{R}}{1+j\omega C_{R}R_{L}}$
PP	$\dot{I}_{T}+j\omega C_{T}\dot{U}_{in}$	$\dfrac{\dot{I}_{R}}{1+j\omega C_{R}R_{L}}$
PS	$\dot{I}_{T}+j\omega C_{T}\dot{U}_{in}$	$\dot{I}_{R}$

表 2.2　4 种类型的系统等效输入阻抗和接收线圈等效输出阻抗

类型	系统等效输入阻抗 Z_{Tin}	接收线圈等效输出阻抗 Z_{Ro}
SS	$R_{T}+j\left(\omega L_{T}-\dfrac{1}{\omega C_{T}}\right)+\dfrac{(\omega M)^2}{R_{R}+R_{L}+j\left(\omega L_{R}-\dfrac{1}{\omega C_{R}}\right)}$	$R_{R}+R_{L}+j\left(\omega L_{R}-\dfrac{1}{\omega C_{R}}\right)+\dfrac{(\omega M)^2}{R_{T}+j\left(\omega L_{T}-\dfrac{1}{\omega C_{T}}\right)}$
SP	$R_{T}+j\left(\omega L_{T}-\dfrac{1}{\omega C_{T}}\right)+\dfrac{(\omega M)^2}{R_{R}+j\omega L_{R}+\dfrac{1}{\dfrac{1}{R_{L}}+j\omega C_{R}}}$	$R_{R}+j\omega L_{R}+\dfrac{1}{\dfrac{1}{R_{L}}+j\omega C_{R}}+\dfrac{(\omega M)^2}{R_{T}+j\left(\omega L_{T}-\dfrac{1}{\omega C_{T}}\right)}$
PP	$j\omega C_{T}+\dfrac{1}{R_{T}+j\omega L_{T}+\dfrac{1}{R_{R}+j\omega L_{R}+\dfrac{1}{\dfrac{1}{R_{L}}+j\omega C_{R}}}}$	$R_{R}+j\omega L_{R}+\dfrac{1}{\dfrac{1}{R_{L}}+j\omega C_{R}}+\dfrac{(\omega M)^2}{R_{T}+j\omega L_{T}}$
PS	$j\omega C_{T}+\dfrac{1}{R_{T}+j\omega L_{T}+\dfrac{(\omega M)^2}{R_{R}+R_{L}+j\left(\omega L_{R}-\dfrac{1}{\omega C_{R}}\right)}}$	$R_{R}+R_{L}+j\left(\omega L_{R}-\dfrac{1}{\omega C_{R}}\right)+\dfrac{(\omega M)^2}{R_{T}+j\omega L_{T}}$

2.4　本章小结

　　感应无线电能传输技术是基于电磁感应原理，系统构成的核心是一个由发射线圈与接收线圈组成的松耦合变压器，松耦合变压器可以用理想模型、考虑磁导率模型、漏感模型和互感模型来描述。由于松耦合变压器漏磁很大，且产生无功功率，影响系统的输出功率和传输效率，所以要求对发射线圈和接收线圈进行无功补偿设计，根据无功补偿网络与松耦合变压器的串联或并联的连接方式，可以构成 SS 型、SP 型、PP 型和 PS 型 4 种基本的感应无线电能传输系统。基于有损耗松耦合变压器互感模型，建立它们的模型是分析感应无线电能传输系统特性的重要基础，也是构造和分析其他类型感应无线电能传输系统的依据。

参 考 文 献

[1] Wang C S, Stielau O H, Covic G A. Design considerations for a contactless electric vehicle battery charger[J]. IEEE Transactions on Industrial Electronics, 2005, 52(5): 1308-1314.

[2] Wang C S, Covic G A, Stielau O H. Power transfer capability and bifurcation phenomena of loosely coupled inductive power transfer systems[J]. IEEE Transactions on Industrial Electronics, 2004, 51(1): 148-157.

[3] Wang C S, Covic G A, Stielau O H. General stability criterions for zero phase angle controlled loosely coupled inductive power transfer systems[C]. Conference of the IEEE Industrial Electronics Society, IECON 2001, Denver, 2001, 2:1049-1054.

[4] Sallán J, Villa J L, Llombart A, et al. Optimal design of ICPT systems applied to electric vehicle battery charge[J]. IEEE Transactions on Industrial Electronics, 2009, 56(6): 2140-2149.

[5] Villa J L, Sallán J, Osorio J F S, et al. High-misalignment tolerant compensation topology for ICPT systems[J]. IEEE Transactions on Industrial Electronics, 2012, 59(2): 945-951.

[6] Thomas H. A contactless power transfer system for biomedical implants[D]. The university of Auckland, New Zealand, 2004.

[7] 盛松涛, 杜贵平, 张波. 感应耦合式无接触电能传输系统无接触变压器模型[C]. 中国电工技术学会电力电子学会学术年会第十届, 西安, 2006.

[8] Pedder D A G, Brown A D. A Contactless Electrical Energy Transmission System[J]. IEEE Transactions on Industrial Electronics, 1999, 46(1): 23-30.

[9] Kawamura A, Ishioka K, Hirai J. Wireless transmission of power and information through one high-frequency resonant AC link inverter for robot manipulator applications[J]. IEEE Transactions on Industrial Electronics, 1996, 32(3): 503-508.

[10] 邱关源. 电路[M]. 第 5 版. 北京: 高等教育出版社, 2006.

[11] 曹玲玲, 陈乾宏, 任小永, 等. 电动汽车高效率无线充电技术的研究进展[J]. 电工技术学报, 2012, 27(8): 1-13.

[12] Chwei S W, Stielau O H, Covic G A. Load models and their application in the design of loosely coupled inductive power transfer systems[J]. Power System Technology, 2000: 1053-1058.

[13] 武瑛, 严陆光, 徐善纲. 新型无接触电能传输系统的稳定性分析[J]. 中国电机工程学报, 2004, 24(5): 63-66.

[14] Ren X Y, Chen Q H. Characterization and control of self-oscillating contactless resonant converter with fixedvoltage gain[C]. 7th International Power Electronics and Motion Control Conference, Harbin, 2012: 1822-1827.

[15] 孙跃, 夏晨阳, 戴欣, 等. 感应耦合电能传输系统互感耦合参数的分析与优化[J]. 中国电机工程学报, 2010, 30(33): 44-50.

[16] 周雯琪. 感应耦合电能传输系统的特性与设计研究[D]. 杭州: 浙江大学, 2008.

[17] 杨民生. 非接触感应耦合电能传输与控制技术机器应用研究[D]. 长沙: 湖南大学, 2012.

[18] 侯佳, 陈乾宏, 严开沁, 等. 新型 S/SP 补偿的非接触谐振变换器分析与控制[J]. 中国电机工程学报, 2013, 33(33): 1-8.

[19] Beh T C, Imura T, Kato M, et al. Basic study of improvingefficiency of wireless power transfer via magneticresonance coupling based on impedance matching[C]. IEEE International Symposium on Industrial Electronics, ISIE 2010, Bari, 2010: 2011-2016.

[20] Jiang H J, Maggetto G. Identification of steady-state operational modes of the series resonant DC-DC converter based on loosely coupled transformers in below-resonance operation[J]. IEEE Transactions on Power Electronics, 1999, 14(2): 359-371.

[21] Joun G B, Cho B H. An energy transmission system for an artificial heart using leakage inductance compensation of transcutaneous transformer[J]. IEEE Transactions on Power Electronics, 1998, 13(6): 1013-1022.

[22] Shimizu R, Kaneko Y, Abe S. A new hc core transmitter of a contactless power transfer system that is compatible with circular core receivers and h-shaped core receivers[A]. IEEE Electric Drives Production Conference(EDPC), Nuremberg, 2013: 1-7.

[23] Li H L, Hu A P, Covic G A, et al. Optimal coupling condition of IPT system for achieving maximum power transfer[J]. Electronics Letters, 2009, 45(1): 76-77.

[24] Boys J T, Huang C Y. Single-phase unity power-factorinductive power transfer system[C]. IEEE 2008 Power-Electronics Specialists Conference. Rhodes, 2008: 3701-3706.

[25] Laouamer R, Bmnello M, Ferrieux J P, et al. A multi-resonant converter for non-contact charging with electromagnetic coupling[C]. International Conference of IEEE Industrial Electronics, IECON 1997, New Orleans, 1997, 2: 792-797.

[26] Wang C S, Covic G A, Stielar O H. Investigating an LCL load resonant inverter for inductive power transfer applications[J]. IEEE Transactions on Power Electronics, 2004, 19(4): 995-1002.

第3章 感应无线电能传输系统的特性分析

感应无线电能传输系统特性包括输入特性与输出特性，具体为无功补偿性能、功率传输特性、传输效率以及由输入特性引起的频率分岔特性，它们都是系统参数设计的基础。本章采用互感模型对感应无线电能传输系统特性进行分析，分别依照 SS 型、SP 型、PP 型和 PS 型顺序阐述。

3.1 无 功 补 偿

感应无线电能传输系统的核心是松耦合变压器，松耦合变压器漏感大将导致系统功率传输能力较差功率因数较低，产生无功功率。因此，必须进行无功补偿，减小对系统电源视在功率的要求，降低系统的成本[1~3]。

根据感应无线电能传输系统无功补偿网络与松耦合变压器的连接方式，如前章所述，可分为 SS 型、SP 型、PP 型和 PS 型 4 种形式，而无功补偿网络的设计可采用两种方法：一种是系统无功全补偿；一种是发射线圈和接收线圈单独无功补偿。系统无功全补偿是指无论接收线圈采用串联无功补偿还是并联无功补偿结构，接收线圈的补偿电容都设计为满足谐振条件，即 $\omega L_R = 1/(\omega C_R)$，再使系统输入电源的等效输入阻抗满足纯电阻特性，从而推导出发射线圈的补偿电容，使系统的无功功率为零[5~8]；发射线圈和接收线圈单独无功补偿是指发射线圈和接收线圈的无功功率分别补偿为零，从而使得整个系统的无功功率为零，即令发射线圈的等效输入阻抗和接收线圈的等效输出阻抗均满足纯电阻特性。

3.1.1 系统无功全补偿

一般情况下，由于接收线圈的内阻 R_R 很小，即 $R_R \ll R_L$、$R_R \ll \omega L_R$，对输出功率的影响相对较小，在分析时可将 R_R 忽略不计。为满足感应无线电能传输系统最大输出功率的要求，接收线圈需满足谐振条件，即无论接收线圈采用串联无功补偿还是并联无功补偿结构，接收线圈补偿电容 C_R 均由下式确定：

$$\omega L_R = \frac{1}{\omega C_R} \tag{3-1}$$

即接收线圈的补偿电容值为

$$C_{R} = \frac{1}{\omega^{2} L_{R}} \tag{3-2}$$

满足式(3-2)只是对接收线圈进行无功补偿，要使系统无功全补偿，还需要系统输入电源的等效输入阻抗的虚部为零，即 $\mathrm{Im}(Z_{\mathrm{in}}) = 0^{[5\sim8]}$。

1. SS 型感应无线电能传输系统

根据式(2-24)，当系统等效输入阻抗呈现纯电阻特性时，SS 型感应无线电能传输系统输入的无功功率为零，负载获得最大功率输出。

由式(3-1)可得，接收线圈的等效阻抗为

$$Z_{R} = R_{L} \tag{3-3}$$

将式(3-3)代入式(2-25)，接收线圈的反射阻抗为

$$Z_{RF} = \frac{(\omega M)^{2}}{R_{L}} \tag{3-4}$$

再将式(3-4)代入式(2-26)，可得系统的等效输入阻抗为

$$Z_{\mathrm{in}} = Z_{\mathrm{Tin}} = Z_{T} + Z_{RF} = R_{T} + \mathrm{j}\left(\omega L_{T} - \frac{1}{\omega C_{T}}\right) + \frac{(\omega M)^{2}}{R_{L}} \tag{3-5}$$

要使系统的等效输入阻抗呈现纯电阻特性，还需满足

$$\mathrm{Im}(Z_{\mathrm{in}}) = \omega L_{T} - \frac{1}{\omega C_{T}} = 0$$

因此，可以归纳出 SS 型感应无线电能传输系统无功全补偿的条件如下：

$$\omega L_{T} = \frac{1}{\omega C_{T}}$$
$$\omega L_{R} = \frac{1}{\omega C_{R}} \tag{3-6}$$

则得到发射线圈的补偿电容

$$C_{T} = \frac{1}{\omega^{2} L_{T}} \tag{3-7}$$

以及系统的等效输入电阻

$$Z_{in} = Z_{Tin} = R_{in} = R_T + \frac{(\omega M)^2}{R_L} \tag{3-8}$$

相应的系统输入电流、发射线圈输入电流、接收线圈输出电流和负载电流有

$$\dot{I}_{in} = \dot{I}_T$$

$$\dot{I}_T = \frac{\dot{U}_{in}}{Z_{Tin}} = \frac{R_L \dot{U}_{in}}{R_T R_L + (\omega M)^2}$$

$$\dot{I}_R = -\frac{j\omega M \dot{U}_{in}}{Z_T Z_R + (\omega M)^2} = -\frac{j\omega M \dot{U}_{in}}{R_T R_L + (\omega M)^2} \tag{3-9}$$

$$\dot{I}_L = \dot{I}_R$$

2. SP 型感应无线电能传输系统

根据式(3-1)，可得接收线圈的等效阻抗

$$Z'_R = \frac{\omega^2 L_R^2 (R_L + j\omega L_R)}{\omega^2 L_R^2 + R_L^2} \tag{3-10}$$

将式(3-10)代入式(2-31)，接收线圈的反射阻抗为

$$Z_{RF} = \frac{(\omega M)^2}{Z_R} = \frac{M^2 R_L}{L_R^2} - j\frac{\omega M^2}{L_R} \tag{3-11}$$

再将式(3-11)代入式(2-32)，可得系统的等效输入阻抗

$$Z_{in} = Z_{Tin} = Z_T + Z_{RF} = \left(R_T + \frac{M^2 R_L}{L_R^2} \right) + j\left(\omega L_T - \frac{1}{\omega C_T} - \frac{\omega M^2}{L_R} \right) \tag{3-12}$$

要使系统的等效输入阻抗呈现纯电阻特性，还需满足

$$\text{Im}(Z_{in}) = \omega L_T - \frac{1}{\omega C_T} - \frac{\omega M^2}{L_R} = 0 \tag{3-13}$$

因此，可以归纳出 SP 型感应无线电能传输系统无功全补偿条件如下：

$$\omega L_T = \frac{1}{\omega C_T} + \frac{\omega M^2}{L_R}$$

$$\omega L_R = \frac{1}{\omega C_R} \tag{3-14}$$

则得到发射线圈的补偿电容

$$C_{\mathrm{T}} = \frac{1}{\omega^2 L_{\mathrm{T}} - \dfrac{\omega^2 M^2}{L_{\mathrm{R}}}} \tag{3-15}$$

以及系统的等效输入电阻

$$Z_{\mathrm{in}} = Z_{\mathrm{Tin}} = R_{\mathrm{in}} = R_{\mathrm{T}} + \frac{M^2 R_{\mathrm{L}}}{L_{\mathrm{R}}^2} \tag{3-16}$$

相应的系统输入电流、发射线圈输入电流、接收线圈输出电流和负载电流有

$$\dot{I}_{\mathrm{in}} = \dot{I}_{\mathrm{T}}$$

$$\dot{I}_{\mathrm{T}} = \frac{\dot{U}_{\mathrm{in}}}{Z_{\mathrm{Tin}}} = \frac{L_{\mathrm{R}}^2 \dot{U}_{\mathrm{in}}}{L_{\mathrm{R}}^2 R_{\mathrm{T}} + M^2 R_{\mathrm{L}}}$$

$$\dot{I}_{\mathrm{R}} = -\frac{\mathrm{j}\omega M \dot{U}_{\mathrm{in}}}{Z_{\mathrm{T}} Z_{\mathrm{R}}' + (\omega M)^2} = -\frac{M(\omega L_{\mathrm{R}} + \mathrm{j}R_{\mathrm{L}})\dot{U}_{\mathrm{in}}}{\omega(M^2 R_{\mathrm{L}} + L_{\mathrm{R}}^2 R_{\mathrm{T}})} \tag{3-17}$$

$$\dot{I}_{\mathrm{L}} = \frac{\dot{I}_{\mathrm{R}}}{1 + \mathrm{j}\omega C_{\mathrm{R}} R_{\mathrm{L}}} = -\frac{M L_{\mathrm{R}} \dot{U}_{\mathrm{in}}}{M^2 R_{\mathrm{L}} + L_{\mathrm{R}}^2 R_{\mathrm{T}}}$$

3. PP 型感应无线电能传输系统

根据式(3-1)，可得接收线圈的等效阻抗

$$Z_{\mathrm{R}}' = \frac{\omega^2 L_{\mathrm{R}}^2 (R_{\mathrm{L}} + \mathrm{j}\omega L_{\mathrm{R}})}{\omega^2 L_{\mathrm{R}}^2 + R_{\mathrm{L}}^2} \tag{3-18}$$

将式(3-18)代入式(2-38)，接收线圈的反射阻抗为

$$Z_{\mathrm{RF}} = \frac{(\omega M)^2}{Z_{\mathrm{R}}'} = \frac{M^2 R_{\mathrm{L}}}{L_{\mathrm{R}}^2} - \mathrm{j}\frac{\omega M^2}{L_{\mathrm{R}}} \tag{3-19}$$

再将式(3-19)代入式(2-39)，可得系统的等效输入阻抗

$$Z_{in} = \cfrac{1}{\cfrac{1}{R_T + j\omega L_T + Z_{RF}} + j\omega C_T}$$

$$= \frac{(L_R^2 R_T + M^2 R_L) L_R^2}{[L_R^2 - \omega^2 C_T L_R (L_T L_R - M^2)]^2 + \omega^2 C_T^2 (L_R^2 R_T + M^2 R_L)^2} \qquad (3\text{-}20)$$

$$+ j \frac{\omega L_R^2 (L_R - \omega^2 L_T C_T L_R + \omega^2 M^2 C_T)(L_T L_R - M^2) - \omega C_T (M^2 R_L + R_T L_R^2)^2}{[L_R^2 - \omega^2 C_T L_R (L_T L_R - M^2)]^2 + \omega^2 C_T^2 (L_R^2 R_T + M^2 R_L)^2}$$

要使系统的等效输入阻抗呈现纯电阻特性，还需满足

$$\text{Im}(Z_{in}) = \frac{\omega L_R^2 (L_R - \omega^2 L_T C_T L_R + \omega^2 M^2 C_T)(L_T L_R - M^2) - \omega C_T (M^2 R_L + R_T L_R^2)^2}{[L_R^2 - \omega^2 C_T L_R (L_T L_R - M^2)]^2 + \omega^2 C_T^2 (L_R^2 R_T + M^2 R_L)^2} = 0$$

$$(3\text{-}21)$$

因此，可以归纳出 PP 型感应无线电能传输系统无功全补偿的条件如下：

$$\omega L_T = \frac{1}{\omega C_T} + \frac{\omega M^2}{L_R} - \frac{\left(R_T + \dfrac{M^2 R_L}{L_R^2} \right)^2}{\omega L_T - \dfrac{\omega M^2}{L_R}} \qquad (3\text{-}22)$$

$$\omega L_R = \frac{1}{\omega C_R}$$

则得到，发射线圈的补偿电容

$$C_T = \frac{\left(L_T - \dfrac{M^2}{L_R} \right)}{\omega^2 \left(L_T - \dfrac{M^2}{L_R} \right)^2 + \left(R_T + \dfrac{M^2 R_L}{L_R^2} \right)^2} \qquad (3\text{-}23)$$

以及系统的等效输入电阻

$$Z_{in} = R_{in} = \frac{\omega^2 \left(L_T - \dfrac{M^2}{L_R} \right)^2 + \left(R_T + \dfrac{M^2 R_L}{L_R^2} \right)^2}{\left(R_T + \dfrac{M^2 R_L}{L_R^2} \right)} \qquad (3\text{-}24)$$

相应的发射线圈输入电流、接收线圈输出电流和负载电流有

$$
\begin{aligned}
\dot{I}_{\mathrm{T}} &= \frac{\dot{U}_{\mathrm{in}}}{Z_{\mathrm{T}}' + Z_{\mathrm{RF}}} \\
&= \frac{L_{\mathrm{R}}^2[(L_{\mathrm{R}}^2 R_{\mathrm{T}} + M^2 R_{\mathrm{L}}) - \mathrm{j}\omega L_{\mathrm{R}}(L_{\mathrm{T}} L_{\mathrm{R}} - M^2)]\dot{U}_{\mathrm{in}}}{(L_{\mathrm{R}}^2 R_{\mathrm{T}} + M^2 R_{\mathrm{L}})^2 + \omega^2 L_{\mathrm{R}}^2 (L_{\mathrm{T}} L_{\mathrm{R}} - M^2)^2}
\end{aligned}
$$

$$
\begin{aligned}
\dot{I}_{\mathrm{R}} &= -\frac{\mathrm{j}\omega M \dot{U}_{\mathrm{in}}}{Z_{\mathrm{T}}' Z_{\mathrm{R}}' + (\omega M)^2} \\
&= -\frac{M\{\omega L_{\mathrm{R}}^2 (L_{\mathrm{R}} R_{\mathrm{T}} + L_{\mathrm{T}} R_{\mathrm{L}}) + \mathrm{j}[(L_{\mathrm{R}}^2 R_{\mathrm{T}} + M^2 R_{\mathrm{L}}) R_{\mathrm{L}} - \omega^2 L_{\mathrm{R}}^2 (L_{\mathrm{T}} L_{\mathrm{R}} - M^2)]\}\dot{U}_{\mathrm{in}}}{\omega[(L_{\mathrm{R}}^2 R_{\mathrm{T}} + M^2 R_{\mathrm{L}})^2 + \omega^2 L_{\mathrm{R}}^2 (L_{\mathrm{T}} L_{\mathrm{R}} - M^2)^2]}
\end{aligned}
$$

$$
\begin{aligned}
\dot{I}_{\mathrm{L}} &= \frac{\dot{I}_{\mathrm{R}}}{1 + \mathrm{j}\omega C_{\mathrm{R}} R_{\mathrm{L}}} \\
&= -\frac{M L_{\mathrm{R}}[(L_{\mathrm{R}}^2 R_{\mathrm{T}} + M^2 R_{\mathrm{L}}) - \mathrm{j}\omega L_{\mathrm{R}}(L_{\mathrm{T}} L_{\mathrm{R}} - M^2)]\dot{U}_{\mathrm{in}}}{(L_{\mathrm{R}}^2 R_{\mathrm{T}} + M^2 R_{\mathrm{L}})^2 + \omega^2 L_{\mathrm{R}}^2 (L_{\mathrm{T}} L_{\mathrm{R}} - M^2)^2}
\end{aligned}
\tag{3-25}
$$

相应的系统输入电流为

$$
\dot{I}_{\mathrm{in}} = \frac{\dot{U}_{\mathrm{in}}}{R_{\mathrm{in}}} = \frac{\left(R_{\mathrm{T}} + \dfrac{M^2 R_{\mathrm{L}}}{L_{\mathrm{R}}^2}\right)\dot{U}_{\mathrm{in}}}{\omega^2\left(L_{\mathrm{T}} - \dfrac{M^2}{L_{\mathrm{R}}}\right)^2 + \left(R_{\mathrm{T}} + \dfrac{M^2 R_{\mathrm{L}}}{L_{\mathrm{R}}^2}\right)^2}
\tag{3-26}
$$

4. PS 型感应无线电能传输系统

根据式(3-1)，可得接收线圈的等效阻抗

$$
Z_{\mathrm{R}} = R_{\mathrm{L}}
\tag{3-27}
$$

将式(3-27)代入式(2-45)，接收线圈的反射阻抗为

$$
Z_{\mathrm{RF}} = \frac{(\omega M)^2}{R_{\mathrm{L}}}
\tag{3-28}
$$

再将式(3-28)代入式(2-46)，可得系统的等效输入阻抗

$$Z_{in} = \cfrac{1}{\cfrac{1}{R_T + j\omega L_T + Z_{RF}} + j\omega C_T}$$

$$= \frac{(R_T R_L + \omega^2 M^2)R_L}{R_L^2(1 - \omega^2 L_T C_T)^2 + \omega^2 C_T^2(R_T R_L + \omega^2 M^2)^2} \tag{3-29}$$

$$+ j\frac{\omega[L_T R_L^2(1 - \omega^2 L_T C_T) - C_T(R_T R_L + \omega^2 M^2)^2]}{R_L^2(1 - \omega^2 L_T C_T)^2 + \omega^2 C_T^2(R_T R_L + \omega^2 M^2)^2}$$

要使系统的等效输入阻抗呈现纯电阻特性，还需满足

$$\mathrm{Im}(Z_{in}) = \frac{\omega[L_T R_L^2(1 - \omega^2 L_T C_T) - C_T(R_T R_L + \omega^2 M^2)^2]}{R_L^2(1 - \omega^2 L_T C_T)^2 + \omega^2 C_T^2(R_T R_L + \omega^2 M^2)^2} = 0 \tag{3-30}$$

因此，可以归纳出 PS 型感应无线电能传输系统无功全补偿的条件如下：

$$\omega L_T = \frac{1}{\omega C_T} - \frac{(R_T R_L + \omega^2 M^2)^2}{\omega L_T R_L^2}$$

$$\omega L_R = \frac{1}{\omega C_R} \tag{3-31}$$

则得到发射线圈的补偿电容

$$C_T = \frac{L_T R_L^2}{\omega^2 L_T^2 R_L^2 + (R_T R_L + \omega^2 M^2)^2} \tag{3-32}$$

以及系统的等效输入电阻

$$Z_{in} = R_{in} = \frac{\omega^2 L_T^2 R_L^2 + (\omega^2 M^2 + R_T R_L)^2}{R_L(\omega^2 M^2 + R_T R_L)} \tag{3-33}$$

相应的发射线圈输入电流、接收线圈输出电流和负载电流有

$$\dot{I}_T = \frac{\dot{U}_{in}}{Z_T' + Z_{RF}}$$

$$= \frac{R_L[(R_T R_L + \omega^2 M^2) - j\omega L_T R_L]\dot{U}_{in}}{(R_T R_L + \omega^2 M^2)^2 + \omega^2 L_T^2 R_L^2}$$

$$\dot{I}_R = -\frac{j\omega M \dot{U}_{in}}{Z_T' Z_R + (\omega M)^2} \tag{3-34}$$

$$= -\frac{\omega M[\omega L_T R_L + j(R_T R_L + \omega^2 M^2)]\dot{U}_{in}}{(R_T R_L + \omega^2 M^2)^2 + \omega^2 L_T^2 R_L^2}$$

$$\dot{I}_L = \dot{I}_R$$

相应的系统输入电流为

$$\dot{I}_{in} = \frac{\dot{U}_{in}}{R_{in}} = \frac{R_L(\omega^2 M^2 + R_T R_L)\dot{U}_{in}}{\omega^2 L_T^2 R_L^2 + (\omega^2 M^2 + R_T R_L)^2} \tag{3-35}$$

3.1.2　发射线圈和接收线圈单独无功补偿

对发射线圈和接收线圈进行单独无功功率补偿，即要求感应无线电能传输系统的输入无功功率和接收线圈的输出无功功率均为零，也就是要求系统等效输入阻抗 Z_{in} 和接收线圈等效输出阻抗 Z_{Ro} 均呈现纯电阻特性。

1. SS 型感应无线电能传输系统

根据式(2-24)、式(2-26)和式(2-27)，SS 型感应无线电能传输系统等效输入阻抗和接收线圈等效输出阻抗呈现纯电阻特性时，有以下条件

$$\omega L_T = \frac{1}{\omega C_T}$$
$$\omega L_R = \frac{1}{\omega C_R} \tag{3-36}$$

则可得发射线圈和接收线圈的补偿电容

$$C_T = \frac{1}{\omega^2 L_T}$$
$$C_R = \frac{1}{\omega^2 L_R} \tag{3-37}$$

因此，根据式(3-37)、式(2-26)和式(2-27)，系统等效输入电阻和接收线圈等效输出电阻有

$$Z_{in} = Z_{Tin} = R_{in} = R_T + \frac{(\omega M)^2}{R_L}$$
$$Z_{R_o} = R_{R_o} = R_L + \frac{(\omega M)^2}{R_T} \tag{3-38}$$

式中，Z_{Tin}、R_{in} 和 R_{R_o} 分别表示发射线圈等效输入阻抗、系统等效输入电阻和接收线圈等效输出电阻。

相应的系统输入电流、发射线圈输入电流、接收线圈输出电流和负载电流为

$$\dot{I}_{in} = \dot{I}_T$$

$$\dot{I}_T = \frac{\dot{U}_{in}}{Z_{Tin}} = \frac{R_L \dot{U}_{in}}{R_T R_L + (\omega M)^2}$$

$$\dot{I}_R = -\frac{j\omega M \dot{U}_{in}}{Z_T Z_R + (\omega M)^2} = -\frac{j\omega M \dot{U}_{in}}{R_T R_L + (\omega M)^2} \tag{3-39}$$

$$\dot{I}_L = \dot{I}_R$$

将式(3-36)~式(3-38)与式(3-6)~式(3-9)对比可见，对于 SS 型感应无线电能传输系统，系统无功全补偿与发射和接收线圈单独无功补偿是一样的，因而实际上 SS 型感应无线电能传输系统只有一种无功补偿方式。

2. SP 型感应无线电能传输系统

根据式(2-30)、式(2-32)和式(2-33)，系统等效输入阻抗和接收线圈等效输出阻抗为

$$Z_{in} = Z_{Tin} = Z_T + \frac{(\omega M)^2}{Z_R'} = R_T + j\left(\omega L_T - \frac{1}{\omega C_T}\right) + \frac{(\omega M)^2}{j\omega L_R + \cfrac{1}{\cfrac{1}{R_L} + j\omega C_R}}$$

$$Z_{R_o} = Z_R' + \frac{(\omega M)^2}{Z_T} = j\omega L_R + \frac{1}{\cfrac{1}{R_L} + j\omega C_R} + \frac{(\omega M)^2}{R_T + j\left(\omega L_T - \frac{1}{\omega C_T}\right)} \tag{3-40}$$

整理式(3-40)，可得

$$Z_{in} = Z_{Tin} = R_T + \frac{(\omega M)^2 R_L}{(1 - \omega^2 L_R C_R)^2 R_L^2 + \omega^2 L_R^2}$$
$$+ j\left[\omega L_T - \frac{1}{\omega C_T} + \frac{\omega^3 M^2 (C_R R_L^2 - \omega^2 L_R C_R^2 R_L^2 - L_R)}{(1 - \omega^2 L_R C_R)^2 R_L^2 + \omega^2 L_R^2}\right]$$

$$Z_{R_o} = \frac{R_L}{1 + \omega^2 C_R^2 R_L^2} + \frac{\omega^2 M^2 R_T}{R_T^2 + \left(\omega L_T - \frac{1}{\omega C_T}\right)^2} \tag{3-41}$$
$$+ j\omega\left[L_R - \frac{C_R R_L^2}{1 + \omega^2 C_R^2 R_L^2} - \frac{\omega M^2 \left(\omega L_T - \frac{1}{\omega C_T}\right)}{R_T^2 + \left(\omega L_T - \frac{1}{\omega C_T}\right)^2}\right]$$

要使系统等效输入阻抗 Z_{in} 和接收线圈等效输出阻抗 Z_{R_o} 呈现纯电阻特性，由式 (3-41) 可知，应满足以下条件

$$\omega L_{\text{T}} - \frac{1}{\omega C_{\text{T}}} + \frac{\omega^3 M^2 (C_{\text{R}} R_{\text{L}}^2 - \omega^2 L_{\text{R}} C_{\text{R}}^2 R_{\text{L}}^2 - L_{\text{R}})}{(1 - \omega^2 L_{\text{R}} C_{\text{R}})^2 R_{\text{L}}^2 + \omega^2 L_{\text{R}}^2} = 0$$

$$L_{\text{R}} - \frac{C_{\text{R}} R_{\text{L}}^2}{1 + \omega^2 C_{\text{R}}^2 R_{\text{L}}^2} - \frac{\omega M^2 \left(\omega L_{\text{T}} - \dfrac{1}{\omega C_{\text{T}}} \right)}{R_{\text{T}}^2 + \left(\omega L_{\text{T}} - \dfrac{1}{\omega C_{\text{T}}} \right)^2} = 0 \tag{3-42}$$

由式 (3-42) 可见，发射线圈和接收线圈的补偿电容需满足

$$L_{\text{R}} = \frac{C_{\text{R}} R_{\text{L}}^2}{1 + \omega^2 C_{\text{R}}^2 R_{\text{L}}^2} \tag{3-43}$$

$$\omega L_{\text{T}} = \frac{1}{\omega C_{\text{T}}} \tag{3-44}$$

因此，可得系统等效输入电阻和接收线圈等效输出电阻

$$Z_{\text{in}} = Z_{\text{Tin}} = R_{\text{Tin}} = R_{\text{T}} + \frac{\omega^2 M^2 (1 + \omega^2 C_{\text{R}}^2 R_{\text{L}}^2)}{R_{\text{L}}}$$

$$Z_{\text{R}_\text{o}} = R_{\text{R}_\text{o}} = \frac{R_{\text{L}}}{1 + \omega^2 C_{\text{R}}^2 R_{\text{L}}^2} + \frac{\omega^2 M^2}{R_{\text{T}}} \tag{3-45}$$

相应的系统输入电流、发射线圈输入电流、接收线圈输出电流和负载电流有

$$\dot{I}_{\text{in}} = \dot{I}_{\text{T}}$$

$$\dot{I}_{\text{T}} = \frac{\dot{U}_{\text{in}}}{Z_{\text{Tin}}} = \frac{\dot{U}_{\text{in}}}{R_{\text{T}} + \dfrac{\omega^2 M^2 (1 + \omega^2 C_{\text{R}}^2 R_{\text{L}}^2)}{R_{\text{L}}}}$$

$$\dot{I}_{\text{R}} = -\frac{\text{j}\omega M \dot{U}_{\text{in}}}{Z_{\text{T}} Z_{\text{R}}' + (\omega M)^2} = -\frac{\text{j}\omega M \dot{U}_{\text{in}}}{\dfrac{R_{\text{T}} R_{\text{L}}}{1 + \omega^2 C_{\text{R}}^2 R_{\text{L}}^2} + \omega^2 M^2} \tag{3-46}$$

$$\dot{I}_{\text{L}} = \frac{\dot{I}_{\text{R}}}{1 + \text{j}\omega C_{\text{R}} R_{\text{L}}}$$

显然，若只满足式(3-43)或式(3-44)，都不能同时使得发射线圈和接收线圈的无功功率为零。

3. PP 型感应无线电能传输系统

根据式(2-36)、式(2-39)和式(2-40)，发射线圈等效输入阻抗和接收线圈等效输出阻抗为

$$Z_{\text{Tin}} = Z'_{\text{T}} + \frac{(\omega M)^2}{Z'_{\text{R}}} = R_{\text{T}} + j\omega L_{\text{T}} + \frac{(\omega M)^2}{j\omega L_{\text{R}} + \dfrac{1}{\dfrac{1}{R_{\text{L}}} + j\omega C_{\text{R}}}}$$

$$Z_{\text{R}_{\text{o}}} = Z'_{\text{R}} + \frac{(\omega M)^2}{Z'_{\text{T}}} = j\omega L_{\text{R}} + \frac{1}{\dfrac{1}{R_{\text{L}}} + j\omega C_{\text{R}}} + \frac{(\omega M)^2}{R_{\text{T}} + j\omega L_{\text{T}}} \tag{3-47}$$

整理式(3-47)，可得

$$Z_{\text{Tin}} = R_{\text{T}} + \frac{\omega^2 M^2 R_{\text{L}}}{(1 - \omega^2 L_{\text{R}} C_{\text{R}})^2 R_{\text{L}}^2 + \omega^2 L_{\text{R}}^2}$$
$$+ j\left[\omega L_{\text{T}} + \frac{\omega^3 M^2 (C_{\text{R}} R_{\text{L}}^2 - \omega^2 L_{\text{R}} C_{\text{R}}^2 R_{\text{L}}^2 - L_{\text{R}})}{(1 - \omega^2 L_{\text{R}} C_{\text{R}})^2 R_{\text{L}}^2 + \omega^2 L_{\text{R}}^2}\right] \tag{3-48}$$

$$Z_{\text{R}_{\text{o}}} = \frac{R_{\text{L}}}{1 + \omega^2 C_{\text{R}}^2 R_{\text{L}}^2} + \frac{\omega^2 M^2 R_{\text{T}}}{R_{\text{T}}^2 + \omega^2 L_{\text{T}}^2} + j\left[\omega L_{\text{R}} - \frac{\omega C_{\text{R}} R_{\text{L}}^2}{1 + \omega^2 C_{\text{R}}^2 R_{\text{L}}^2} - \frac{\omega^3 M^2 L_{\text{T}}}{R_{\text{L}}^2 + \omega^2 L_{\text{T}}^2}\right]$$

在式(3-48)中，令 $Z_{\text{Tin}} = \alpha + j\beta$，$Z_{\text{R}_{\text{o}}} = \gamma + j\lambda$，其中

$$\alpha = R_{\text{T}} + \frac{\omega^2 M^2 R_{\text{L}}}{(1 - \omega^2 L_{\text{R}} C_{\text{R}})^2 R_{\text{L}}^2 + \omega^2 L_{\text{R}}^2}$$

$$\beta = \omega L_{\text{T}} + \frac{\omega^3 M^2 (C_{\text{R}} R_{\text{L}}^2 - \omega^2 L_{\text{R}} C_{\text{R}}^2 R_{\text{L}}^2 - L_{\text{R}})}{(1 - \omega^2 L_{\text{R}} C_{\text{R}})^2 R_{\text{L}}^2 + \omega^2 L_{\text{R}}^2}$$

$$\gamma = \frac{R_{\text{L}}}{1 + \omega^2 C_{\text{R}}^2 R_{\text{L}}^2} + \frac{\omega^2 M^2 R_{\text{T}}}{R_{\text{T}}^2 + \omega^2 L_{\text{T}}^2} \tag{3-49}$$

$$\lambda = \omega L_{\text{R}} - \frac{\omega C_{\text{R}} R_{\text{L}}^2}{1 + \omega^2 C_{\text{R}}^2 R_{\text{L}}^2} - \frac{\omega^3 M^2 L_{\text{T}}}{R_{\text{L}}^2 + \omega^2 L_{\text{T}}^2}$$

则系统等效输入阻抗

$$Z_{\text{in}} = \frac{1}{\text{j}\omega C_{\text{T}}} \| Z_{\text{Tin}} = \frac{\alpha + \text{j}(\beta - \omega C_{\text{T}}\beta^2 - \omega C_{\text{T}}\alpha^2)}{(1 - \omega C_{\text{T}}\beta)^2 + \omega^2 C_{\text{T}}^2 \alpha^2} \tag{3-50}$$

要使系统等效输入阻抗 Z_{in} 和接收线圈等效输出阻抗 $Z_{\text{R}_{\text{o}}}$ 呈现纯电阻特性，由式(3-48)～式(3-50)可见，应满足以下条件

$$\begin{aligned} \lambda &= 0 \\ \beta - \omega C_{\text{T}}(\alpha^2 + \beta^2) &= 0 \end{aligned} \tag{3-51}$$

因此可得系统等效输入电阻 R_{in} 和接收线圈等效输出电阻 $R_{\text{R}_{\text{o}}}$

$$\begin{aligned} R_{\text{in}} &= \frac{\alpha}{(1 - \omega C_{\text{T}}\beta)^2 + \omega^2 C_{\text{T}}^2 \alpha^2} \\ R_{\text{R}_{\text{o}}} &= \gamma \end{aligned} \tag{3-52}$$

相应的发射线圈输入电流、接收线圈输出电流和负载电流有

$$\begin{aligned} \dot{I}_{\text{T}} &= \frac{\dot{U}_{\text{in}}}{Z_{\text{Tin}}} = \frac{\dot{U}_{\text{in}}}{\alpha + \text{j}\beta} \\ \dot{I}_{\text{R}} &= -\frac{\text{j}\omega M \dot{U}_{\text{in}}}{Z_{\text{T}}'Z_{\text{R}}' + (\omega M)^2} = -\frac{\text{j}\omega M \dot{U}_{\text{in}}}{(R_{\text{T}} + \text{j}\omega L_{\text{T}})\gamma} \\ \dot{I}_{\text{L}} &= \frac{\dot{I}_{\text{R}}}{1 + \text{j}\omega C_{\text{R}} R_{\text{L}}} \end{aligned} \tag{3-53}$$

以及相应的系统输入电流

$$\dot{I}_{\text{in}} = \frac{[(1 - \omega C_{\text{T}}\beta)^2 + \omega^2 C_{\text{T}}^2 \alpha^2]\dot{U}_{\text{in}}}{\alpha} \tag{3-54}$$

4. PS 型感应无线电能传输系统

根据式(2-43)、式(2-46)和式(2-47)，发射线圈等效输入阻抗和接收线圈等效输出阻抗为

$$Z_{\text{Tin}} = Z_{\text{T}}' + \frac{(\omega M)^2}{Z_{\text{R}}} = R_{\text{T}} + \text{j}\omega L_{\text{T}} + \frac{(\omega M)^2}{R_{\text{L}} + \text{j}(\omega L_{\text{R}} - \frac{1}{\omega C_{\text{R}}})} \tag{3-55}$$

$$Z_{\text{R}_{\text{o}}} = Z_{\text{R}} + \frac{(\omega M)^2}{Z_{\text{T}}'} = R_{\text{L}} + \text{j}(\omega L_{\text{R}} - \frac{1}{\omega C_{\text{R}}}) + \frac{(\omega M)^2}{R_{\text{T}} + \text{j}\omega L_{\text{T}}}$$

整理式(3-55)，可得

$$Z_{\mathrm{Tin}} = R_{\mathrm{T}} + \frac{\omega^2 M^2 R_{\mathrm{L}}}{R_{\mathrm{L}}^2 + \left(\omega L_{\mathrm{R}} - \dfrac{1}{\omega C_{\mathrm{R}}}\right)^2} + \mathrm{j}\left[\omega L_{\mathrm{T}} - \frac{\omega^2 M^2\left(\omega L_{\mathrm{R}} - \dfrac{1}{\omega C_{\mathrm{R}}}\right)}{R_{\mathrm{L}}^2 + \left(\omega L_{\mathrm{R}} - \dfrac{1}{\omega C_{\mathrm{R}}}\right)^2}\right] \tag{3-56}$$

$$Z_{\mathrm{R_o}} = R_{\mathrm{L}} + \frac{\omega^2 M^2 R_{\mathrm{T}}}{R_{\mathrm{T}}^2 + \omega^2 L_{\mathrm{T}}^2} + \mathrm{j}\left(\omega L_{\mathrm{R}} - \frac{1}{\omega C_{\mathrm{R}}} - \frac{\omega^3 M^2 L_{\mathrm{T}}}{R_{\mathrm{T}}^2 + \omega^2 L_{\mathrm{T}}^2}\right)$$

在式 (3-56) 中，令 $Z_{\mathrm{Tin}} = \alpha' + \mathrm{j}\beta'$；$Z_{\mathrm{R_o}} = \gamma' + \mathrm{j}\lambda'$，其中

$$\alpha' = R_{\mathrm{T}} + \frac{\omega^2 M^2 R_{\mathrm{L}}}{R_{\mathrm{L}}^2 + \left(\omega L_{\mathrm{R}} - \dfrac{1}{\omega C_{\mathrm{R}}}\right)^2}$$

$$\beta' = \omega L_{\mathrm{T}} - \frac{\omega^2 M^2\left(\omega L_{\mathrm{R}} - \dfrac{1}{\omega C_{\mathrm{R}}}\right)}{R_{\mathrm{L}}^2 + \left(\omega L_{\mathrm{R}} - \dfrac{1}{\omega C_{\mathrm{R}}}\right)^2} \tag{3-57}$$

$$\gamma' = R_{\mathrm{L}} + \frac{\omega^2 M^2 R_{\mathrm{T}}}{R_{\mathrm{T}}^2 + \omega^2 L_{\mathrm{T}}^2}$$

$$\lambda' = \omega L_{\mathrm{R}} - \frac{1}{\omega C_{\mathrm{R}}} - \frac{\omega^3 M^2 L_{\mathrm{T}}}{R_{\mathrm{T}}^2 + \omega^2 L_{\mathrm{T}}^2}$$

则系统等效输入阻抗为

$$Z_{\mathrm{in}} = \frac{1}{\mathrm{j}\omega C_{\mathrm{T}}} \parallel Z_{\mathrm{Tin}} = \frac{\alpha' + \mathrm{j}(\beta' - \omega C_{\mathrm{T}}\beta'^2 - \omega C_{\mathrm{T}}\alpha'^2)}{(1 - \omega C_{\mathrm{T}}\beta')^2 + \omega^2 C_{\mathrm{T}}^2 \alpha'^2} \tag{3-58}$$

要使系统等效输入阻抗 Z_{in} 和接收线圈等效输出阻抗 Z_{Ro} 呈现纯电阻特性，由式 (3-56)～式 (3-58) 可知，应满足以下条件

$$\begin{aligned}\lambda' &= 0 \\ \beta' - \omega C_{\mathrm{T}}(\alpha'^2 + \beta'^2) &= 0\end{aligned} \tag{3-59}$$

因此，可得系统等效输入电阻 R_{in} 和接收线圈等效输出电阻 $R_{\mathrm{R_o}}$

$$R_{\mathrm{in}} = \frac{\alpha'}{(1 - \omega C_{\mathrm{T}}\beta')^2 + \omega^2 C_{\mathrm{T}}^2 \alpha'^2} \tag{3-60}$$

$$R_{\mathrm{R_o}} = \gamma'$$

相应的发射线圈输入电流、接收线圈输出电流和负载电流有

$$\dot{I}_{\mathrm{T}} = \frac{\dot{U}_{\mathrm{in}}}{Z_{\mathrm{Tin}}} = \frac{\dot{U}_{\mathrm{in}}}{\alpha' + \mathrm{j}\beta'}$$

$$\dot{I}_{\mathrm{R}} = -\frac{\mathrm{j}\omega M \dot{U}_{\mathrm{in}}}{Z_{\mathrm{T}}' Z_{\mathrm{R}} + (\omega M)^2} = -\frac{\mathrm{j}\omega M \dot{U}_{\mathrm{in}}}{(R_{\mathrm{T}} + \mathrm{j}\omega L_{\mathrm{T}})\gamma'} \tag{3-61}$$

$$\dot{I}_{\mathrm{L}} = \dot{I}_{\mathrm{R}}$$

以及相应的系统输入电流

$$\dot{I}_{\mathrm{in}} = \frac{\dot{U}_{\mathrm{in}}[(1 - \omega C_{\mathrm{T}}\beta')^2 + \omega^2 C_{\mathrm{T}}^2 \alpha'^2]}{\alpha'} \tag{3-62}$$

从以上对感应无线电能传输系统无功全补偿和发射线圈、接收线圈单独无功补偿方法的分析中，可以得到以下结论：①对于 SS 型系统，当输入电源频率 ω 确定后，发射线圈和接收线圈的串联 LC 补偿网络的参数关系确定，可以分别进行设计，并且补偿网络参数与负载无关；②对于 SP 型系统，当输入电源频率 ω 确定后，发射线圈和接收线圈的串-并联 LC 补偿网络的参数关系确定，也可以分别进行设计，但接收线圈的并联补偿网络参数与负载有关；③对于 PP 型和 PS 型系统，当输入电源频率 ω 确定后，发射线圈和接收线圈的并-串联或并-并联 LC 补偿网络的参数关系确定，但无法分别进行设计，发射线圈和接收线圈补偿网络的参数相关，且与负载有关。

3.2　输出功率和传输效率

根据第 2 章的互感模型，由功率定理可知，系统等效输入阻抗的实部对应的功率为输入有功功率，接收线圈阻性负载上消耗的功率则为输出有功功率，传输效率为输出有功功率与输入有功功率之比，对应于不同的无功补偿方式，传输效率不同。

3.2.1　SS 型感应无线电能传输系统

1. 系统无功全补偿

根据式(3-9)，可得 SS 型感应无线电能传输系统的输入功率

$$P_{\mathrm{in}} = \frac{U_{\mathrm{in}}^2}{R_{\mathrm{in}}} = \frac{R_{\mathrm{L}} U_{\mathrm{in}}^2}{R_{\mathrm{T}} R_{\mathrm{L}} + \omega^2 M^2} \tag{3-63}$$

以及输出功率

$$P_o = I_R^2 R_L = \frac{\omega^2 M^2 R_L U_{in}^2}{(R_T R_L + \omega^2 M^2)^2} \tag{3-64}$$

则传输效率为

$$\eta = \frac{P_o}{P_{in}} = \frac{\omega^2 M^2}{R_T R_L + \omega^2 M^2} \tag{3-65}$$

2. 发射线圈和接收线圈单独无功补偿

根据式(3-39)，可得 SS 型感应无线电能传输系统的输入功率

$$P_{in} = \frac{U_{in}^2}{R_{in}} = \frac{R_L U_{in}^2}{R_T R_L + \omega^2 M^2} \tag{3-66}$$

以及输出功率

$$P_o = I_R^2 R_L = \frac{\omega^2 M^2 U_{in}^2 R_L}{(R_T R_L + \omega^2 M^2)^2} \tag{3-67}$$

则传输效率为

$$\eta = \frac{P_o}{P_{in}} = \frac{\omega^2 M^2}{R_T R_L + \omega^2 M^2} \tag{3-68}$$

根据以上分析可知，对于 SS 型感应无线电能传输系统，由于两种无功补偿方式效果一样，实际只有一种无功补偿方式，因此，其输入功率、输出功率和传输效率是完全相同的。

若考虑一般性，即不局限于系统无功全补偿和发射线圈、接收线圈单独无功补偿的情况下，根据式(2-24)，可得 SS 型感应无线电能传输系统的输入功率一般式

$$\begin{aligned} P_{in} &= U_{in} I_T \cos\theta \\ &= U_{in}^2 \cdot \mathrm{Re}\left(\frac{Z_R}{Z_T Z_R + (\omega M)^2}\right) \\ &= \frac{\{R_T[(R_R + R_L)^2 + X_R^2] + \omega^2 M^2 (R_R + R_L)\}U_{in}^2}{[R_T(R_R + R_L) - X_T X_R + \omega^2 M^2]^2 + [R_T X_R + (R_R + R_L)X_T]^2} \end{aligned} \tag{3-69}$$

以及输出功率一般式为

$$P_o = I_R^2 R_L$$

$$= \frac{(\omega M)^2 U_{in}^2 R_L}{\left| Z_T Z_R + (\omega M)^2 \right|^2} \tag{3-70}$$

$$= \frac{(\omega M)^2 U_{in}^2 R_L}{[R_T(R_R + R_L) - X_T X_R + (\omega M)^2]^2 + [R_T X_R + (R_R + R_L) X_T]^2}$$

则系统的传输效率一般式为

$$\eta = \frac{I_R^2 R_L}{U_{in} I_T \cos\theta}$$

$$= \frac{(\omega M)^2 R_L}{R_T[(R_R + R_L)^2 + X_R^2] + (\omega M)^2 (R_R + R_L)} \tag{3-71}$$

根据式 (3-71) 有以下结论：①当满足式 (3-6)，即 $X_R = 0$，并忽略 R_R，即为系统全无功补偿情况；②当满足式 (3-36)，即 $X_R = 0$，并忽略 R_R，即为发射线圈和接收线圈单独无功补偿情况，且此时有电源输入功率因数为 1 和传输效率最大；③对于一般情况，效率均小于最大传输效率。

3.2.2　SP 型感应无线电能传输系统

1. 系统无功全补偿

根据式 (3-17)，可得 SP 型感应无线电能传输系统的输入功率

$$P_{in} = \frac{U_{in}^2}{R_{in}} = \frac{L_R^2 U_{in}^2}{L_R^2 R_T + M^2 R_L} \tag{3-72}$$

以及输出功率

$$P_o = I_L^2 R_L = \frac{M^2 L_R^2 R_L U_{in}^2}{(M^2 R_L + L_R^2 R_T)^2} \tag{3-73}$$

则传输效率为

$$\eta = \frac{P_o}{P_{in}} = \frac{M^2 R_L}{M^2 R_L + L_R^2 R_T} \tag{3-74}$$

2. 发射线圈和接收线圈单独无功补偿

根据式(3-46)，可得 SP 型感应无线电能传输系统的输入功率

$$P_{\text{in}} = \frac{U_{\text{in}}^2}{R_{\text{in}}} = \frac{R_L U_{\text{in}}^2}{R_T R_L + \omega^2 M^2 (1 + \omega^2 C_R^2 R_L^2)} \tag{3-75}$$

以及输出功率

$$P_{\text{o}} = I_L^2 R_L = \frac{\omega^2 M^2 R_L (1 + \omega^2 C_R^2 R_L^2) U_{\text{in}}^2}{[R_T R_L + \omega^2 M^2 (1 + \omega^2 C_R^2 R_L^2)]^2} \tag{3-76}$$

则传输效率为

$$\eta = \frac{P_{\text{o}}}{P_{\text{in}}} = \frac{\omega^2 M^2 (1 + \omega^2 C_R^2 R_L^2)}{R_T R_L + \omega^2 M^2 (1 + \omega^2 C_R^2 R_L^2)} \tag{3-77}$$

根据以上分析可知，对于 SP 型感应无线电能传输系统，在两种不同的无功补偿方式下，其输入功率、输出功率和传输效率的表达式不相同。

若考虑一般性，即不局限于系统无功全补偿和发射线圈、接收线圈单独无功补偿的情况下，根据式(2-30)，可得 SP 型感应无线电能传输系统的输入功率一般式

$$\begin{aligned}P_{\text{in}} &= U_{\text{in}} I_T \cos\theta \\ &= U_{\text{in}}^2 \operatorname{Re}\left(\frac{Z_R'}{Z_T Z_R' + (\omega M)^2}\right)\end{aligned} \tag{3-78}$$

以及输出功率

$$\begin{aligned}P_{\text{o}} &= I_L^2 R_L = \left| -\frac{\text{j}\omega M \dot{U}_{\text{in}}}{(Z_T Z_R' + \omega^2 M^2)(1 + \text{j}\omega C_R R_L)} \right|^2 R_L \\ &= \frac{\omega^2 M^2 R_L U_{\text{in}}^2}{\left| (Z_T Z_R' + \omega^2 M^2)(1 + \text{j}\omega C_R R_L) \right|^2}\end{aligned} \tag{3-79}$$

将式(3-79)与式(3-78)比较，就可得出系统的传输效率。图 3.1 是传输效率与频率 f 的关系曲线，分析可以发现，随着频率的变化，系统效率先上升然后下降，有一个最大效率点，对应于式(3-1)的频率条件，即系统无功全补偿方式下接收线

圈电感、电容的情况。在图 3.1 所选择的参数情况下，该频率 f 为 20kHz。

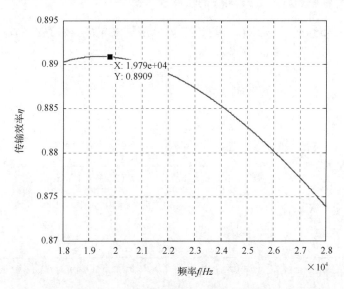

图 3.1　SP 型感应无线电能传输系统的传输效率 η 与频率 f 的关系

（参数：U_{in}=10V，L_T=100μH，C_T=0.794μF，R_T=0.15Ω，L_R=80μH，C_R=0.792μF，R_R=0.1Ω，R_L=6Ω，M=40.25μH）

3.2.3　PP 型感应无线电能传输系统

1. 系统无功全补偿

根据式 (3-25) 和式 (3-26)，可得 PP 型感应无线电能传输系统的输入功率

$$P_{in} = \frac{U_{in}^2}{R_{in}} = \frac{L_R^2 (L_R^2 R_T + M^2 R_L) U_{in}^2}{\omega^2 L_R^2 (L_T L_R - M^2)^2 + (L_R^2 R_T + M^2 R_L)^2} \tag{3-80}$$

以及输出功率

$$P_o = I_L^2 R_L = \frac{M^2 L_R^2 R_L U_{in}^2}{\omega^2 L_R^2 (L_T L_R - M^2)^2 + (L_R^2 R_T + M^2 R_L)^2} \tag{3-81}$$

则传输效率为

$$\eta = \frac{P_o}{P_{in}} = \frac{M^2 R_L}{L_R^2 R_T + M^2 R_L} \tag{3-82}$$

2. 发射线圈和接收线圈单独无功补偿

根据式(3-53)和式(3-54)，可得 PP 型感应无线电能传输系统的输入功率

$$P_{\text{in}} = \frac{U_{\text{in}}^2}{R_{\text{in}}} = \frac{[(1-\omega C_{\text{T}}\beta)^2 + \omega^2 C_{\text{T}}^2 \alpha^2]U_{\text{in}}^2}{\alpha} \tag{3-83}$$

以及输出功率

$$P_{\text{o}} = I_{\text{L}}^2 R_{\text{L}} = \frac{\omega^2 M^2 R_{\text{L}} U_{\text{in}}^2}{[(R_{\text{T}} - \omega^2 L_{\text{T}} C_{\text{R}} R_{\text{L}})^2 + \omega^2 (L_{\text{T}} + C_{\text{R}} R_{\text{T}} R_{\text{L}})^2]\gamma^2} \tag{3-84}$$

则传输效率为

$$\eta = \frac{P_{\text{o}}}{P_{\text{in}}} = \frac{\omega^2 M^2 R_{\text{L}} \alpha}{[(R_{\text{T}} - \omega^2 L_{\text{T}} C_{\text{R}} R_{\text{L}})^2 + \omega^2 (L_{\text{T}} + C_{\text{R}} R_{\text{T}} R_{\text{L}})^2][(1-\omega C_{\text{T}}\beta)^2 + \omega^2 C_{\text{T}}^2 \alpha^2]\gamma^2}$$

$$\tag{3-85}$$

根据以上分析可知，对于 PP 型感应无线电能传输系统，在两种不同的无功补偿方式下，其输入功率、输出功率和传输效率的表达式不相同。

若考虑一般性，即不局限于系统无功全补偿和发射线圈、接收线圈单独无功补偿的情况下，根据式(2-36)和式(3-37)，可得 PP 型感应无线电能传输系统的输入功率一般式

$$P_{\text{in}} = U_{\text{in}} I_{\text{in}} \cos\theta = U_{\text{in}}^2 \,\text{Re}\left[\frac{Z_{\text{R}}'}{Z_{\text{T}}' Z_{\text{R}}' + (\omega M)^2} + j\omega C_{\text{T}}\right] \tag{3-86}$$

以及输出功率一般式

$$P_{\text{o}} = I_{\text{L}}^2 R_{\text{L}} = \left| -\frac{j\omega M \dot{U}_{\text{in}}}{(Z_{\text{T}}' Z_{\text{R}}' + \omega^2 M^2)(1 + j\omega C_{\text{R}} R_{\text{L}})} \right|^2 R_{\text{L}}$$

$$= \frac{\omega^2 M^2 R_{\text{L}} U_{\text{in}}^2}{\left|(Z_{\text{T}}' Z_{\text{R}}' + \omega^2 M^2)(1 + j\omega C_{\text{R}} R_{\text{L}})\right|^2} \tag{3-87}$$

将式(3-87)与(3-86)比较，就可得出系统的传输效率。图 3.2 是传输效率与频率 f 的关系曲线，分析可以发现，随着频率的变化，系统效率先上升然后下降，有一个最大效率点，与 SP 型一样，同样对应式(3-1)的频率条件，即系统无功全

补偿方式下接收线圈电感、电容的情况。在图 3.2 所选择的参数情况下，该频率 f 为 20kHz。

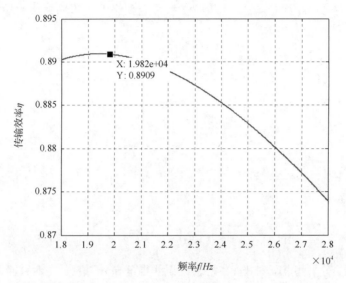

图 3.2　PP 型感应无线电能传输系统传输效率 η 与频率 f 的关系

（参数：U_{in}=10V，L_T=100μH，C_T=0.773μF，R_T=0.15Ω，L_R=80μH，C_R=0.792μF，R_R=0.1Ω，R_L=6Ω，M=40.25μH）

3.2.4　PS 型感应无线电能传输系统

1. 系统无功全补偿

根据式(3-34)和式(3-35)，可得 PS 型感应无线电能传输系统的输入功率

$$P_{in} = \frac{U_{in}^2}{R_{in}} = \frac{R_L(\omega^2 M^2 + R_T R_L)U_{in}^2}{\omega^2 L_T^2 R_L^2 + (\omega^2 M^2 + R_T R_L)^2} \tag{3-88}$$

以及输出功率

$$P_o = I_L^2 R_L = \frac{\omega^2 M^2 R_L U_{in}^2}{(R_T R_L + \omega^2 M^2)^2 + \omega^2 L_T^2 R_L^2} \tag{3-89}$$

则传输效率为

$$\eta = \frac{P_o}{P_{in}} = \frac{\omega^2 M^2}{\omega^2 M^2 + R_T R_L} \tag{3-90}$$

2. 发射线圈和接收线圈单独无功补偿

根据式(3-61)和式(3-62)，可得 PS 型感应无线电能传输系统的输入功率

$$P_{\text{in}} = \frac{U_{\text{in}}^2}{R_{\text{in}}} = \frac{[(1 - \omega C_{\text{T}} \beta')^2 + \omega^2 C_{\text{T}}^2 \alpha'^2] U_{\text{in}}^2}{\alpha'} \tag{3-91}$$

以及输出功率

$$P_{\text{o}} = I_{\text{L}}^2 R_{\text{L}} = \frac{\omega^2 M^2 U_{\text{in}}^2 R_{\text{L}}}{(R_{\text{T}}^2 + \omega^2 L_{\text{T}}^2) \gamma'^2} \tag{3-92}$$

则传输效率为

$$\eta = \frac{P_{\text{o}}}{P_{\text{in}}} = \frac{\omega^2 M^2 R_{\text{L}} \alpha'}{(R_{\text{T}}^2 + \omega^2 L_{\text{T}}^2)[(1 - \omega C_{\text{T}} \beta')^2 + \omega^2 C_{\text{T}}^2 \alpha'^2] \gamma'^2} \tag{3-93}$$

根据以上分析可知，对于 PS 型感应无线电能传输系统，在两种不同的无功补偿方式下，其输入功率、输出功率和传输效率的表达式不相同。

若考虑一般性，即不局限于系统全无功补偿和发射线圈、接收线圈单独无功补偿的情况下，根据式(2-43)和式(2-44)，可得 PS 型感应无线电能传输系统的输入功率一般式

$$P_{\text{in}} = U_{\text{in}} I_{\text{in}} \cos \theta = U_{\text{in}}^2 \text{Re} \left[\frac{Z_{\text{R}}}{Z_{\text{T}}' Z_{\text{R}} + (\omega M)^2} + j \omega C_{\text{T}} \right] \tag{3-94}$$

以及输出功率一般式

$$\begin{aligned} P_{\text{o}} &= I_{\text{R}}^2 R_{\text{L}} \\ &= \frac{\omega^2 M^2 U_{\text{in}}^2 R_{\text{L}}}{\left| Z_{\text{T}}' Z_{\text{R}} + (\omega M)^2 \right|^2} \end{aligned} \tag{3-95}$$

将式(3-95)与式(3-94)比较，就可得出系统的传输效率。图 3.3 是传输效率与频率 f 的关系曲线，分析可以发现，随着频率的变化，系统效率先上升然后下降，有一个最大效率点，与 SP 型一样，同样对应式(3-1)的频率条件，即系统无功全补偿方式下接收线圈电感、电容的情况。在图 3.3 所选择的参数情况下，该频率 f 为 20kHz。

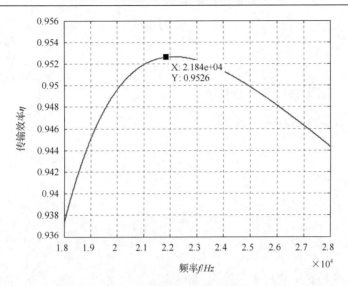

图 3.3　PS 型感应无线电能传输系统传输效率 η 与频率 f 的关系

（参数：$U_{in}=10V$，$L_T=100\mu H$，$C_T=0.564\mu F$，$R_T=0.15\Omega$，$L_R=80\mu H$，$C_R=0.792\mu F$，$R_R=0.1\Omega$，$R_L=6\Omega$，$M=40.25\mu H$）

3.3　互感对最大输出功率和传输效率的影响

对于感应无线电能传输系统，传输特性主要取决于松耦合变压器的互感大小，即受发射线圈与接收线圈之间互感的影响，因此，互感是决定最大输出功率和传输效率的重要因素。

3.3.1　SS 型感应无线电能传输系统

1. 系统无功全补偿

当采用系统无功全补偿方式时，对于 SS 型感应无线电能传输系统，令式(3-64)的导数 $dP_{o-SS}/dM=0$，可得对应于最大输出功率的互感

$$M_{-SS}=\frac{\sqrt{R_T R_L}}{\omega} \tag{3-96}$$

2. 发射线圈和接收线圈单独无功补偿

当采用发射线圈、接收线圈单独无功补偿方法时，对于 SS 型感应无线电能传输系统，令式(3-67)的导数 $dP_{o-SS}/dM=0$，可得对应于最大输出功率的互感

$$M_{-SS} = \frac{\sqrt{R_T R_L}}{\omega} \tag{3-97}$$

3.3.2　SP 型感应无线电能传输系统

1. 系统无功全补偿

当采用系统无功全补偿方式时，对于 SP 型感应无线电能传输系统，令式(3-73)的导数 $dP_{o-SP}/dM = 0$ ，可得对应于最大输出功率的互感值

$$M_{-SP} = L_R \sqrt{\frac{R_T}{R_L}} \tag{3-98}$$

2. 发射线圈和接收线圈单独无功补偿

当采用发射线圈、接收线圈单独无功补偿方法时，对于 SP 型感应无线电能传输系统，令式(3-76)的导数 $dP_{o-SP}/dM = 0$ ，可得对应于最大输出功率的互感值

$$M_{-SP} = \frac{1}{\omega} \sqrt{\frac{R_T R_L}{1 + \omega^2 C_R^2 R_L^2}} \tag{3-99}$$

3.3.3　PP 型感应无线电能传输系统

1. 系统无功全补偿

当采用系统无功全补偿方式时，对于 PP 型感应无线电能传输系统，令式(3-81)的导数 $dP_{o-PP}/dM = 0$ ，可得对应于最大输出功率的互感值

$$M_{-PP} = L_R \sqrt[4]{\frac{\omega^2 L_T^2 + R_T^2}{\omega^2 L_R^2 + R_L^2}} \tag{3-100}$$

2. 发射线圈和接收线圈单独无功补偿

当采用发射线圈、接收线圈单独无功补偿方法时，对于 PP 型感应无线电能传输系统，令式(3-84)的导数 $dP_{o-PP}/dM = 0$ ，可得对应于最大输出功率的互感值

$$M_{-PP} = \frac{1}{\omega} \sqrt{\frac{R_L(R_T^2 + \omega^2 L_T^2)}{R_T(1 + \omega^2 C_R^2 R_L^2)}} \tag{3-101}$$

3.3.4　PS 型感应无线电能传输系统

1. 系统无功全补偿

当采用系统无功全补偿方式时，对于 PS 型感应无线电能传输系统，令式(3-89)的导数 $dP_{o-PS}/dM = 0$，可得对应于最大输出功率的互感值

$$M_{-PS} = \frac{\sqrt[4]{R_L^2(R_T^2 + \omega^2 L_T^2)}}{\omega} \tag{3-102}$$

2. 发射线圈和接收线圈单独无功补偿

当采用发射线圈、接收线圈单独无功补偿方法时，对于 PS 型感应无线电能传输系统，令式(3-92)的导数 $dP_{o-PS}/dM = 0$，可得对应于最大输出功率的互感值

$$M_{-PS} = \frac{1}{\omega} \sqrt{\frac{(R_T^2 + \omega^2 L_T^2)R_L}{R_T}} \tag{3-103}$$

根据上述分析，可以得到以下结论：

(1) 两种不同的无功补偿方式，只有 SS 型感应无线电能传输系统的最大输出功率对应的互感相同；而 SP 型、PP 型和 PS 型的最大输出功率对应的互感完全不相同。

(2) 根据变压器原理，互感还应该满足以下关系：

$$M = k\sqrt{L_T L_R} \ (0 \leqslant k \leqslant 1) \tag{3-104}$$

由式(3-104)可知，M 最大不能超过 $\sqrt{L_T L_R}$，最大输出功率对应的互感应在此范围内[7]。

(3) 表 3.1 是最大输出功率对应的互感和传输效率。由表 3.1 可以看出，对应于最大功率输出，SS 型感应无线电能传输系统的互感与发射线圈电感 L_T 和接收线圈电感 L_R 均无关；SP 型感应无线电能传输系统的互感仅与接收线圈电感 L_R 有关；PP 型感应无线电能传输系统的互感与发射线圈电感 L_T 和接收线圈电感 L_R 均有关；PS 型感应无线电能传输系统的互感仅与发射线圈电感 L_T 有关。

表 3.1　最大传输功率下的互感和传输效率

系统	最大功率时的互感 M		传输效率	
	系统无功全补偿	发射、接收线圈单独无功补偿	系统无功全补偿	发射、接收线圈单独无功补偿
SS 型	$\sqrt{R_T R_L}/\omega$	$\sqrt{R_T R_L}/\omega$	50%	50%
SP 型	$L_R\sqrt{R_T/R_L}$	$\dfrac{1}{\omega}\sqrt{\dfrac{R_T R_L}{1+\omega^2 C_R^2 R_L^2}}$	50%	50%
PP 型	$L_R\sqrt[4]{\dfrac{\omega^2 L_T^2 + R_T^2}{\omega^2 L_R^2 + R_L^2}}$	$\dfrac{1}{\omega}\sqrt{\dfrac{R_L(R_T^2+\omega^2 L_T^2)}{R_T(1+\omega^2 C_R^2 R_L^2)}}$	$\dfrac{1}{\dfrac{R_T}{R_L}\sqrt{\dfrac{\omega^2 L_R^2 + R_L^2}{\omega^2 L_T^2 + R_T^2}}+1}$	$\dfrac{R_L^2\alpha}{\gamma^2 R_T(1-\omega C_T\beta)(1+\omega^2 C_R^2 R_L^2)^2}$
PS 型	$\dfrac{\sqrt[4]{R_L^2(R_T^2+\omega^2 L_T^2)}}{\omega}$	$\dfrac{1}{\omega}\sqrt{\dfrac{(R_T^2+\omega^2 L_T^2)R_L}{R_T}}$	$\dfrac{1}{\dfrac{R_T R_L}{\sqrt{(\omega^2 L_T^2+R_T^2)R_L^2}}+1}$	$\dfrac{R_L^2\alpha'}{\gamma'^2 R_T[(1-\omega C_T\beta')]}$

表中，α、β、γ、α'、β' 和 γ' 的表达式见式(3-49)和式(3-57)。

(4)分析表 3.1 发现，无论采用哪种无功补偿方式，SS 型和 SP 型感应无线电能传输系统在输出功率达到最大时，传输效率均只有 50%。PP 型和 PS 型感应无线电能传输系统采用系统无功全补偿方式时，在最大输出功率的情况下，由于 R_T/R_L 和 $R_T R_L$ 较小，传输效率可达 90%以上。

图 3.4 是 4 种类型感应无线电能传输系统的输出功率和传输效率的特性曲线，由图可知它们的最大输出功率、传输效率与互感的关系。

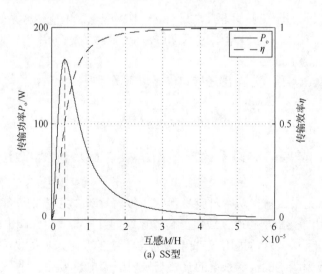

(a) SS 型

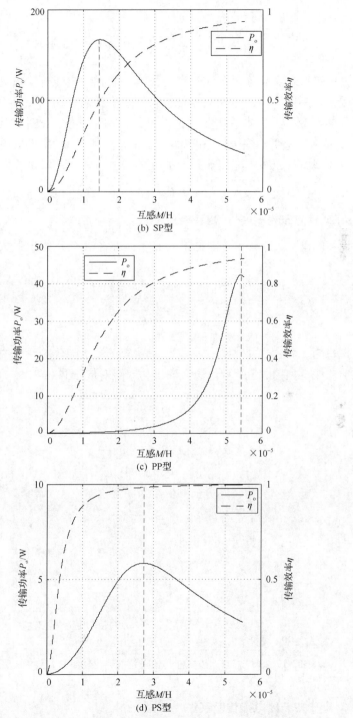

图 3.4　4 种类型感应无线电能传输系统的输出功率和传输效率特性
（参数：U_{in}=10V、f=20kHz、L_T=67μH、R_T=0.15Ω、L_R=45μH、C_R=1.407μF、R_R=0.1Ω、R_L=1.4Ω）

3.4　负载对最大输出功率的影响

根据电路原理，负载阻抗匹配也是影响感应无线电能传输系统最大输出功率的重要因素，不同类型的无线电能传输系统均不相同。因此，有必要讨论负载与输出功率的参数关系。本节主要讨论系统在无功全补偿方式下，电阻负载对 SS 型和 SP 型感应无线电能传输系统输出功率及最大输出功率的影响，此外，由于 PP 型和 PS 型感应无线电能传输系统的分析过程与 SS 型和 SP 型相同，在此不做介绍。

3.4.1　SS 型感应无线电能传输系统

假设互感确定，令式(3-64)的导数 $\mathrm{d}P_{\mathrm{o-SS}}/\mathrm{d}R_{\mathrm{L}}=0$，可得出最大输出功率对应的电阻

$$R_{\mathrm{L}}=\frac{\omega^2 M^2}{R_{\mathrm{T}}} \tag{3-105}$$

选择与图 3.4 相同的参数，得到 SS 型感应无线电能传输系统的输出功率随负载变化的曲线，如图 3.5 所示，最大输出功率点对应于式(3-105)的负载电阻。

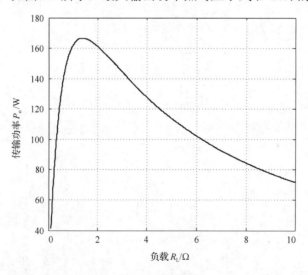

图 3.5　SS 型感应无线电能传输系统的输出功率与负载的关系

3.4.2　SP 型感应无线电能传输系统

同理，分析负载对 SP 型感应无线电能传输系统最大输出功率的影响，令

式 (3-73) 的导数 $dP_{o-SP}/dR_L = 0$ ，可得最大输出功率对应的电阻

$$R_L = \frac{L_R^2 R_T}{M^2} \tag{3-106}$$

同样选择与图 3.4 相同的参数，得到 SP 型感应无线电能传输系统的输出功率随负载变化的曲线，如图 3.6 所示，最大输出功率点对应于式 (3-106) 的负载电阻。

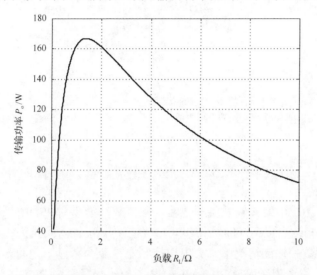

图 3.6　SP 型感应无线电能传输系统的输出功率与负载关系

在 3.3 节和 3.4 节分析的基础上，可以综合考虑互感和负载对感应无线电能传输系统输出功率的影响。图 3.7 是 SS 型和 SP 型感应无线电能传输系统输出功率随互感 M 和负载 R_L 变化的曲线，在实际系统设计中，可以依照图 3.7，根据负载 R_L 设计互感 M ，使得系统输出功率最大。

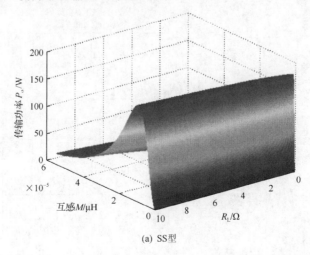

(a) SS型

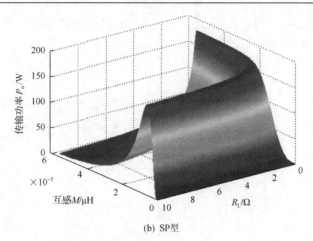

(b) SP型

图 3.7　SS 型和 SP 型感应无线电能传输系统的输出功率与负载和互感的关系

3.5　频率分岔现象

由于感应无线电能传输系统等效输入阻抗虚部为零对应的角频率存在多值现象，若采用零相位角 (zero phase angle，ZPA) 控制，即输入阻抗为纯电阻的控制方式，在系统参数变化的情况下，会出现控制器在多个角频率之间跳变，系统无法稳定工作[6,8]，称之为频率分岔 (frequency bifurcation) 现象。

3.5.1　SS 型感应无线电能传输系统

1. 输入阻抗

将式 (2-26) 对应的系统输入阻抗改写成如下形式

$$
\begin{aligned}
Z_{\mathrm{in}} &= R_{\mathrm{T}} + \mathrm{j}\left(\omega L_{\mathrm{T}} - \frac{1}{\omega C_{\mathrm{T}}}\right) + \frac{\omega^2 M^2}{R_{\mathrm{R}} + R_{\mathrm{L}} + \mathrm{j}\left(\omega L_{\mathrm{R}} - \dfrac{1}{\omega C_{\mathrm{R}}}\right)} \\[2mm]
&= R_{\mathrm{T}} + \frac{\omega^2 M^2 (R_{\mathrm{R}} + R_{\mathrm{L}})}{(R_{\mathrm{R}} + R_{\mathrm{L}})^2 + \left(\omega L_{\mathrm{R}} - \dfrac{1}{\omega C_{\mathrm{R}}}\right)^2} \\[2mm]
&\quad + \mathrm{j}\left[\left(\omega L_{\mathrm{T}} - \frac{1}{\omega C_{\mathrm{T}}}\right) - \frac{\omega^2 M^2 \left(\omega L_{\mathrm{R}} - \dfrac{1}{\omega C_{\mathrm{R}}}\right)}{(R_{\mathrm{R}} + R_{\mathrm{L}})^2 + \left(\omega L_{\mathrm{R}} - \dfrac{1}{\omega C_{\mathrm{R}}}\right)^2}\right]
\end{aligned}
\tag{3-107}
$$

由式(3-107)可见，输入阻抗虚部是频率的一元三次方程，因此，使输入阻抗虚部为零的频率有 3 个，假设发射线圈和接收线圈的参数相同，即

$$
\begin{aligned}
L_{\mathrm{T}} &= L_{\mathrm{R}} = L \\
C_{\mathrm{T}} &= C_{\mathrm{R}} = C
\end{aligned}
\tag{3-108}
$$

则可得到以下 3 个角频率

$$
\omega_0 = \frac{1}{\sqrt{LC}}
\tag{3-109}
$$

$$
\omega_1 = \sqrt{\frac{\dfrac{2L}{C} - (R_{\mathrm{R}} + R_{\mathrm{L}})^2 - \sqrt{\left[\dfrac{2L}{C} - (R_{\mathrm{R}} + R_{\mathrm{L}})^2\right]^2 - 4(L^2 - M^2)\dfrac{1}{C^2}}}{2(L^2 - M^2)}}
\tag{3-110}
$$

$$
\omega_2 = \sqrt{\frac{\dfrac{2L}{C} - (R_{\mathrm{R}} + R_{\mathrm{L}})^2 + \sqrt{\left[\dfrac{2L}{C} - (R_{\mathrm{R}} + R_{\mathrm{L}})^2\right]^2 - 4(L^2 - M^2)\dfrac{1}{C^2}}}{2(L^2 - M^2)}}
\tag{3-111}
$$

2. 频率分岔

为简化分析，忽略发射线圈和接收线圈内阻的影响，考虑系统无功全补偿情况。定义归一化的角频率 ξ 为

$$
\xi = \frac{\omega}{\omega_0}
\tag{3-112}
$$

归一化的输入阻抗 Z_{n} 为

$$
Z_{\mathrm{n}} = \frac{Z_{\mathrm{in}}}{\mathrm{Re}(Z_{\mathrm{RF0}})} = \frac{\mathrm{Re}(Z_{\mathrm{in}})}{\mathrm{Re}(Z_{\mathrm{RF0}})} + \mathrm{j}\frac{\mathrm{Im}(Z_{\mathrm{in}})}{\mathrm{Re}(Z_{\mathrm{RF0}})} = \mathrm{Re}(Z_{\mathrm{n}}) + \mathrm{j}\,\mathrm{Im}(Z_{\mathrm{n}})
\tag{3-113}
$$

式(3-112)中的 ω_0 为满足式(3-1)的谐振角频率；式(3-113)中的 Z_{RF0} 为反射阻抗。

图 3.8 为不同负载下，归一化输入阻抗虚部的变化规律。从图中可见，当负载阻值小于临界负载 R_{C} 时，系统会出现 3 个角频率，即 ξ_1、ξ_2 和 ξ_3，其中 $\xi_1 = 1$ 即对应于接收线圈谐振角频率 ω_0；ξ_2 小于 ξ_1，而 ξ_3 大于 ξ_1；当负载阻值越小时，ξ_3 越大，即角频率越高。

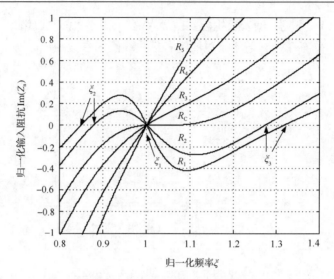

图 3.8　归一化输入阻抗的虚部

(参数：$f=20\text{kHz}$、$L_T=100\mu\text{H}$、$C_T=0.633\mu\text{F}$、$L_R=80\mu\text{H}$、$M=40.25\mu\text{H}$、$C_R=0.792\mu\text{F}$；
$R_1=2\Omega$、$R_2=3\Omega$、$R_C=4.65\Omega$、$R_3=6\Omega$、$R_4=8\Omega$、$R_5=10\Omega$)

归一化频率与负载电阻的关系还可以用图 3.9 表示，可以更清晰地看出系统的频率分岔现象。当负载 $R_L<R_C$ 时，出现频率分岔现象，负载 $R_L=R_C$ 为频率分岔临界点，而当负载 $R_L>R_C$ 时，则不出现频率分岔现象。因此，SS 型感应无线电能传输系统的负载阻值应该满足 $R_L>R_C$。

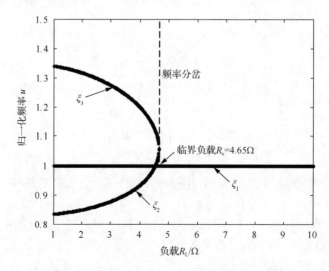

图 3.9　SS 型感应无线电能传输系统的频率分岔

3.5.2　SP 型感应无线电能传输系统

对于 SP 型感应无线电能传输系统，其输入阻抗为

$$Z_{\text{in}} = R_{\text{T}} + \text{j}\left(\omega L_{\text{T}} - \frac{1}{\omega C_{\text{T}}}\right) + \frac{\omega^2 M^2}{R_{\text{R}} + \text{j}\omega L_{\text{R}} + \dfrac{1}{\dfrac{1}{R_{\text{L}}} + \text{j}\omega C_{\text{R}}}} \tag{3-114}$$

由式 (3-114) 可见，其与 SS 型输入阻抗表达式类似，可参照分析频率分岔现象，在此不做详述。

3.5.3　PP 型感应无线电能传输系统

对于 PP 型感应无线电能传输系统，其输入导纳为

$$Y_{\text{in}} = \text{j}\omega C_{\text{T}} + \frac{1}{R_{\text{T}} + \text{j}\omega L_{\text{T}} + \dfrac{\omega^2 M^2}{R_{\text{R}} + \text{j}\omega L_{\text{R}} + \dfrac{1}{1/R_{\text{L}} + \text{j}\omega C_{\text{R}}}}} \tag{3-115}$$

参照 SS 型系统的归一化输入阻抗定义，容易得到 PP 型系统归一化输入导纳

$$\begin{aligned} Z_{\text{n}} &= \frac{1}{Y_{\text{in}}\,\text{Re}(Z_{\text{RF0}})} = \frac{1}{\text{Re}(Y_{\text{in}})\,\text{Re}(Z_{\text{RF0}}) + \text{j}\,\text{Im}(Y_{\text{in}})\,\text{Re}(Z_{\text{RF0}})} \\ &= \frac{1}{\text{Re}(Y_{\text{n}}) + \text{j}\,\text{Im}(Y_{\text{n}})} = \frac{1}{Y_{\text{n}}} \end{aligned} \tag{3-116}$$

图 3.10 为不同负载下，归一化输入导纳虚部的变化规律。从图中可见，当负载阻值小于临界负载 R_{C} 时，系统会出现 3 个角频率，即 ξ_1、ξ_2 和 ξ_3，其中，$\xi_1 = 1$ 即对应于接收线圈谐振角频率 ω_0；ξ_2 与 ξ_1 非常接近，而 ξ_3 大于 ξ_1；当负载导纳越小时，ξ_3 越大，即角频率越高[6,8]。

归一化频率与负载电阻的关系还可以用图 3.11 表示，可以更清晰地看出系统的频率分岔现象。当负载 $R_{\text{L}} > R_{\text{C}}$ 时，出现频率分岔现象，负载 $R_{\text{L}} = R_{\text{C}}$ 为频率分岔临界点，而当负载 $R_{\text{L}} < R_{\text{C}}$ 时，则不出现频率分岔现象。因此，PP 型感应无线电能传输系统的负载阻值应该满足 $R_{\text{L}} < R_{\text{C}}$，这里要注意的是，由于采用系统无功全补偿方式，发射线圈的补偿电容 C_{T} 应与负载电阻同时变化。

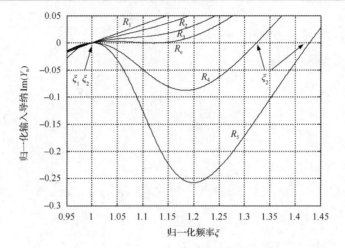

图 3.10　归一化输入导纳的虚部

（参数：f=20kHz、L_T=29.6μH、L_R=26.9μH、M=12.7μH、C_R=2.42μF；R_1=3.7Ω、

R_2=5.3Ω、R_c=6.1Ω、R_3=6.62Ω、R_4=8.4Ω、R_5=10.5Ω）

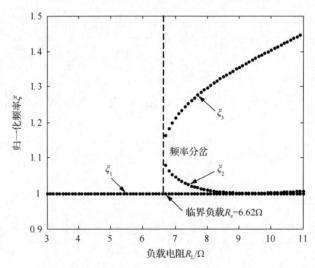

图 3.11　PP 型感应无线电能传输系统的频率分岔

3.5.4　PS 型感应无线电能传输系统

对于 PS 型感应无线电能传输系统，其输入导纳为

$$Y_{in} = j\omega C_T + \cfrac{1}{R_T + j\omega L_T + \cfrac{\omega^2 M^2}{R_R + j\left(\omega L_R - \dfrac{1}{\omega C_R}\right) + R_L}} \tag{3-117}$$

由式 (3-117) 可见，其与 **PP** 型输入阻抗表达式类似，可参照分析频率分岔现象，在此不做详述。

综上分析，可以得到 4 种感应无线电能传输系统不发生频率分岔的稳定条件，如表 3.2 所示[8]。

表 3.2　4 种感应无线电能传输系统稳定条件

SS 型	SP/PP 型	PS 型
$2\omega_0^2 L_R^2 R_L^2 \left(1 - \sqrt{1 - \dfrac{M^2}{L_T L_R R_L^4}}\right) < R_L^2 < 2\omega_0^2 L_R^2 R_L^2 \left(1 + \sqrt{1 - \dfrac{M^2}{L_T L_R R_L^4}}\right)$	$R_L < \sqrt{\dfrac{\omega_0^2 L_T L_R^3}{M^2} - \omega_0^2 L_R^2}$	$R_L > \dfrac{\omega_0^2 M^2 L_R}{L_T}$

3.6　输　出　特　性

输出特性是指感应无线电能传输系统的输出电压或电流特性。根据第 2 章的分析可知，SS 型和 SP 型感应无线电能传输系统，当系统输入电压 U_{in} 恒定并忽略线圈内阻 R_T 和 R_R 时，接收线圈反射到发射线圈的反射阻抗为

$$Z_R = \begin{cases} \dfrac{\omega^2 M^2}{R_L} & \text{SS型} \\[3mm] \dfrac{M^2 R_L}{L_R^2} - j\dfrac{\omega M^2}{L_R} & \text{SP型} \end{cases} \tag{3-118}$$

采用系统无功全补偿方式时，根据能量守恒定律有

$$\frac{U_o^2}{R_L} = P_o = P_{\text{in}} = \frac{U_{\text{in}}^2}{\text{Re}(Z_R)} \tag{3-119}$$

将式 (3-118) 代入式 (3-119)，化简可得

$$\begin{cases} \dfrac{U_{\text{in}}}{\omega_0 M} = I_L = \dfrac{U_o}{R_L} & \text{SS型} \\[3mm] \dfrac{U_{\text{in}}}{U_o} = \dfrac{M}{L_R} & \text{SP型} \end{cases} \tag{3-120}$$

由式 (3-120) 可知，当传输距离确定，即 M 一定时，SS 型感应无线电能传输系统的输出特性与发射线圈、接收线圈的电感值无关，且输出电流恒定，适用于

恒流负载；而 SP 型感应无线电能传输系统的输出特性仅与接收线圈的电感值有关，且输出电压恒定，适用于恒压负载。

同理，对于 PP 型和 PS 型感应无线电能传输系统，可以得到

$$\frac{U_{\mathrm{o}}}{R_{\mathrm{L}}} = I_{\mathrm{L}} = \frac{I_{\mathrm{T}}M}{L_{\mathrm{R}}} \qquad \text{PP型}$$
$$U_{\mathrm{o}} = \omega M I_{\mathrm{T}} \qquad \text{PS型} \tag{3-121}$$

分析式(3-121)可知，同样当传输距离确定，即 M 一定时，PP 型感应无线电能传输系统的输出具有恒流特性，适用于恒流负载；而 PS 型感应无线电能传输系统的输出具有恒压特性，适用于恒压负载。

3.7 本章小结

(1)感应无线电能传输系统有系统无功全补偿和发射线圈、接收线圈单独无功补偿两种无功补偿方法。当发射线圈采用串联补偿网络时，补偿电容值与负载无关；当发射线圈采用并联补偿网络时，补偿电容值与负载相关。

(2)对应于不同的无功补偿方式，感应无线电能传输系统的输出功率和传输效率不同。互感是输出功率和传输效率的主要影响因素之一，存在一个最大输出功率对应的互感值。输出功率和传输效率不能同时达到最大，达到最大输出功率时，SS 型和 SP 型感应无线电能传输系统的传输效率为 50%；PS 型和 PP 型感应无线电能传输系统的传输效率则大于 90%。

(3)负载电阻也是影响感应无线电能传输系统最大输出功率的重要因素，不同类型的无线电能传输系统均不相同，在实际系统设计中，要根据负载电阻的大小设计互感，使得系统输出功率最大。

(4)两种无功补偿方式均要求感应无线电能传输系统的等效输入阻抗为纯电阻，因此，满足等效输入阻抗为零的角频率存在多值问题，当系统参数发生变化时，会出现控制器在多个角频率之间跳变的频率分岔现象，实际运行中应避免出现该现象。

(5)SS 型、PP 型感应无线电能传输系统具有恒流输出特性，适用于恒流负载；SP 型、PS 型感应无线电能传输系统具有恒压输出特性，适用于恒压负载。

参 考 文 献

[1] 黄俊博. ICPT 系统频率稳定性分析及耦合输出功率研究[D]. 重庆: 重庆大学, 2010.

[2] 武瑛, 严陆光, 徐善纲. 新型无线电能传输系统的稳定性分析[J]. 中国电机工程学报, 2004, 24(5): 63-66.

[3] 武瑛, 严陆光, 黄常纲, 等. 新型无接触电能传输系统的性能分析[J]. 电工电能新技术, 2003, 22(4): 10-13.

[4] Boy J T, Covic G A, Green A W. Stability and control of inductively coupled power transfer system [J]. IEEE Proceedings-Electric Power Applications, 2000, 147(1): 37-43.

[5] Wang C S, Stielau O H, Covic G A. Design considerations for a contactless electric vehicle battery charger[J]. IEEE Transactions on Industrial Electronics, 2005, 52(5): 1308-1314.

[6] Wang C S, Covic G A, Stielau O H. General stability criterions for zero phase angle controlled lossely coupled inductive power transfer systems[J]. Conference of the IEEE Industrial Electronics society, 2001, 2: 1049-1054.

[7] 孙悦, 夏晨阳, 戴欣, 等. 感应耦合电能传输系统互感耦合参数的分析与优化[J]. 中国电机工程学报, 2010, 30(33): 44-50.

[8] Wang C S, Covic G A, Stielau O H. Power transfer capability and bifurcation phenomena of lossely coupled inductive power transfer systems[J]. IEEE Transactions and industrial electronics, 2004, 51(1): 148-157.

第4章　感应无线电能传输系统的设计

根据第 2 章、第 3 章感应无线电能传输系统原理、模型和特性的分析，本章将介绍感应无线电能传输系统的设计过程和方法。系统设计首先要考虑感应无线电能传输系统的传输距离和输出功率，由此确定逆变器的类型；其次，由于发射线圈和接收线圈构成的松耦合变压器是设计的关键，进行线圈的结构设计是必要的；进而为了有效地传输功率，应根据负载要求，选择无功补偿方式，并确定无功补偿网络与线圈的连接方式；最后，完成系统的控制设计，即可以采用开环控制也可以采用闭环控制，在要求稳定输出时，必须采用闭环控制。本节将以实例的方式论述感应无线电能传输系统的设计，并对不同设计系统的无功补偿、最大输出功率和频率分岔特性进行实验验证。

4.1　系统结构

图 4.1 是一个典型的感应无线电能传输系统结构，它包括以下几个部分：①工频二极管输入整流器；②功率开关管 S_1～S_4 构成的逆变器；③匹配变压器厂；④发射线圈 L_T 与补偿电容 C_T、接收线圈 L_R 与补偿电容 C_R；⑤D_1～D_4 二极管输出整流器；⑥输出低通滤波器 L、C，其中 L 由接收线圈的补偿形式决定，若采用串联补偿时，仅用 C 滤波，采用并联补偿时，则用 L、C 进行滤波；⑦负载电阻 R_L。其中，发射线圈和接收线圈构成一个松耦合变压器，它们与各自的无功补偿电路连接，是感应无线电能传输系统的主体部分，一般可以把发射线圈与其补偿网络称为发射端，把接收线圈与其补偿网络称为接收端。

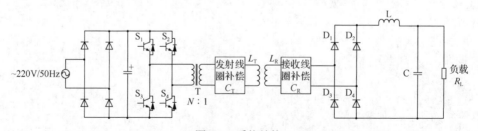

图 4.1　系统结构

图 4.1 的结构可以根据不同的要求改变各部分电路及连接方式，如为节省成本，可以将 S_1～S_4 逆变器改为半桥逆变器；为使输出电压可调，可以在 D_1～D_4 二极管输出整流器后串联一个 Buck 变换器或者 Boost 变换器；当要求输出交流电压时，

可以直接连接到负载，或在 D_1~D_4 输出整流器后增加一个逆变器。

图 4.1 的工作过程如下：工频交流电经工频二极管输入整流器转换为直流电压，S_1~S_4 逆变器将输入直流电压转换为所需频率的交流电，匹配变压器 T 则将输入交流变压为发射电路要求的电压等级，发射线圈与接收线圈组成松耦合变压器，与无功补偿网络一同工作将电能无线传输到接收线圈，D_1~D_4 二极管输出整流器将接收线圈和补偿网络输出的交流电整流，再经 LC 滤波器滤波后供给负载 R_L。

4.2　工作频率的选择

感应无线电能传输系统的工作频率是至关重要的参数，也是系统设计必须首先确定的参数。从第 3 章的功率传输特性分析可以看出，工作频率的大小关系到系统的传输距离和功率传输能力。理论上，工作频率越高，系统的传输距离和输出功率越大，但在实际中，工作频率要考虑电力电子器件性能、磁芯材料、成本等因素。归纳起来，工作频率主要受以下因素限制：

(1) 电力电子器件特性的限制。考虑到谐波和开关损耗，应用于感应无线电能传输系统的变换器，采用 MOSFET 时，开关频率一般不超过 100kHz；采用 IGBT 时，开关频率一般不超过 20kHz 等[1]。

(2) 趋肤效应导致线圈的附加损耗。

(3) 磁芯的磁滞损耗和涡流损耗。

(4) 松耦合变压器的漏感损耗。

因此，系统的工作频率不宜过高，选择时需要综合考虑以上因素的影响。目前，感应无线电能传输系统工作频率大多选择在 10kHz 到 100kHz 之间。未来随着感应无线电能传输技术的大规模产业化，对体积、重量及成本将有更高要求，工作频率也会随之增加。

4.3　逆变器的选择

由于工频交流电频率低，无法直接将其作为感应无线电能传输系统的交流输入，必须通过逆变器转换为较高频率的交流电。众所周知，逆变器分为电压型和电流型两类，图 4.2 为最基本的全桥式和半桥式电压型逆变器，采用电压型逆变器时，发射线圈补偿电路一般采用串联补偿网络；图 4.3 为基本全桥式和推挽式电流型逆变器，采用电流型逆变器时，发射线圈补偿电路一般采用并联补偿网络。

对于小功率感应无线电能传输系统，由于电路结构简单，E 类逆变电路经常被使用。图 4.4 为典型的 E 类功率放大电路，L_0 为扼流线圈，为负载网络提供恒流；C_0 为包括开关管 Q 的结电容和外加电容，辅助实现谐振，使 MOSFET 零电压开通；L、C 和 R 构成负载谐振网络。

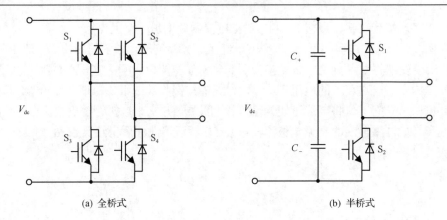

(a) 全桥式　　　　　　　　　　　　　(b) 半桥式

图 4.2　电压型逆变器

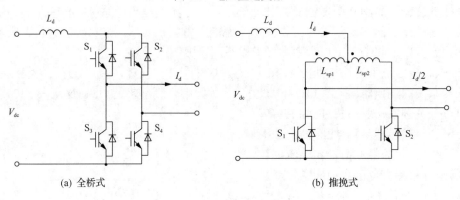

(a) 全桥式　　　　　　　　　　　　　(b) 推挽式

图 4.3　电流型逆变器

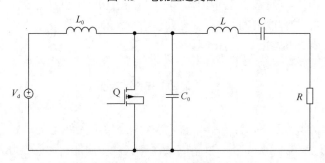

图 4.4　E 类功率逆变电路

在感应无线电能传输系统中，为了提高发射线圈和接收线圈的传输效率并减小体积，目前均采用较高频率逆变技术，但高频导致逆变器开关损耗增加，要求采用软开关技术[2]。对于图 4.2 和图 4.3 所示的逆变器，可以附加谐振软开关电路；对于图 4.4 所示的 E 类功率逆变电路，由于其本身就具有零电压开通特性，因而无需增加谐振软开关电路，可以直接应用。

4.4　发射线圈、接收线圈和补偿网络设计

从第 2 章对感应无线电能传输系统原理、模型和特性的分析可以看出，虽然其系统的无线电能传输部分可以视为一个松耦合变压器，但发射线圈和接收线圈参数的相互依赖性大，电能传输特性由多个参量决定，相比于一般变压器系统，其设计复杂得多。

4.4.1　发射线圈和接收线圈

对于一般变压器，由于受限于铁芯结构，因而线圈形式有限，而对于松耦合变压器，由于不受铁芯结构的限制，可以根据不同应用场合的需求，选择不同结构形式的发射线圈和接收线圈，图 4.5 是常见的几种发射线圈和接收线圈。

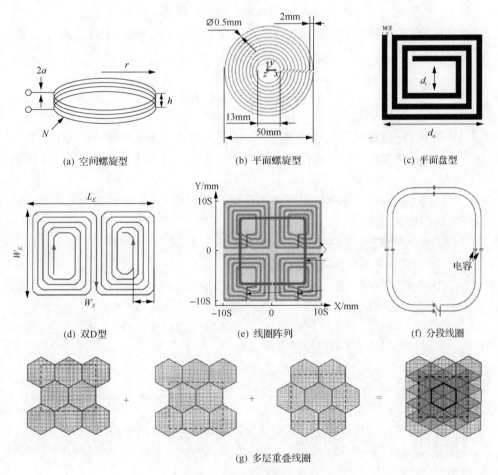

(a) 空间螺旋型　　　　　(b) 平面螺旋型　　　　　(c) 平面盘型

(d) 双D型　　　　　(e) 线圈阵列　　　　　(f) 分段线圈

(g) 多层重叠线圈

图 4.5　发射线圈和接收线圈的不同结构形式

4.4.2　无功补偿网络

已知感应无线电能传输系统有 4 种基本的无功补偿网络，即 SS 型、SP 型、PP型和 PS 型，显然，根据需要也可以采用它们的串、联组合构成新的无功补偿网络。

对于发射线圈，可由所要求传输的额定功率，在确定发射线圈的电压和电流的基础上，根据采用系统无功全补偿或发射线圈和接收线圈单独无功补偿方式的不同，计算出相应的补偿电容值。

对于接收线圈，在确定负载的电压和电流后，根据采用系统无功全补偿或发射线圈和接收线圈单独无功补偿方式的不同，计算出补偿电容的大小。至于采用哪一种形式的无功补偿网络，需要根据应用场合来选择。通常并联补偿对应电流源特性，适合于电池充电器等场合；串联补偿对应于电压源特性，适用于电机驱动供电等场合。

在某些情况下，接收线圈也可以不加无功补偿网络，但根据最大功率传输定理，负载能够获得的最大功率只有接收线圈功率的一半。这时，系统的成本增加，电能利用率下降。

4.5　系统控制设计

感应无线电能传输系统可以采用开环或闭环控制，开环控制一般用于系统验证，实际系统为得到稳定的电压、电流输出，必须采用闭环反馈控制。闭环控制主要有以下几种方式：

(1)发射端控制。该控制方式只对发射端进行控制，包括发射端电流控制方法和频率跟踪控制方法。

(2)接收端控制。该控制方式只对接收端进行控制，一般应用于直流负载，主要采用 DC-DC 变换器控制技术。

(3)无线通讯控制。该控制方式与发射端控制方式相同，不同的是引入了无线通讯的方式，把接收端的参数无线传递回发射端，实现闭环控制。

对于发射端控制，若采用变频技术，应该考虑频率分岔的稳定性问题，设计时可以参考第 3 章表 3.2 的稳定性判据。

4.6　系统设计实例及特性验证

根据以上感应无线电能传输系统的设计原则，可以直接采用第 3 章的参数关系进行具体设计，在此不做详述。本节将以实例方式在验证第 3 章特性的同时，阐述系统设计过程。

4.6.1　不同无功补偿方式的影响

为了比较采用无功补偿与不采用无功补偿系统性能的差别，以 SS 型感应无线电能传输系统进行验证。表 4.1 是根据第 3 章 SS 型感应无线电能传输系统分析设计得到的主要参数，为了便于分析和验证，系统不包括发射端逆变器和接收端的整流器，即假设发射线圈的输入电源稳定的交流电压源或电流源，电路同图 2-9。

表 4.1　SS 型感应无线电能传输系统设计参数

参数	数值	参数	数值
U_{in}/V	10	R_L/Ω	1.40
L_T/μH	67	R_T/Ω	0.15
L_R/μH	45	R_R/Ω	0.1
C_T/μF	0.945	M/μH	3.77
C_R/μF	1.407	f/kHz	20

根据表 4.1，可以计算出发射线圈和接收线圈的品质因数分别为 Q_T=56.13 和 Q_R=3.77。图 4.6 为发射线圈、接收线圈没有无功补偿网络和有无功补偿网络时的电压输出波形。图 4.6(a) 是发射线圈、接收线圈没有无功补偿网络时的情况；图 4.6(b) 是仅接收线圈有无功补偿网络时的情况；图 4.6(c) 是仅发射线圈有无功补偿网络时的情况；图 4.6(d) 是发射线圈、接收线圈均有无功补偿网络时的情况。分析图 4.6 可以发现：①发射线圈、接收线圈均没有无功补偿网络时，输出电压最小，只有毫伏级；②仅接收线圈有无功补偿网络时，输出电压有所增加，但仍是毫伏级，输出电压比发射线圈、接收线圈均没有无功补偿网络时提高了 3.77 倍，即 Q_R 倍，与理论分析相符；③仅发射线圈有无功补偿网络时，输出电压增加幅度较大，达到伏级，说明仅发射线圈采用无功补偿比仅接收线圈采用无功补偿的效果好；④发射线圈、接收线圈均有无功补偿网络时，输出电压最大，即负载获得的功率最大，说明发射线圈和接收线圈均进行无功补偿效果最好。

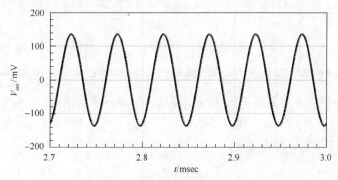

(a) 发射线圈和接收线圈均没有无功补偿网络

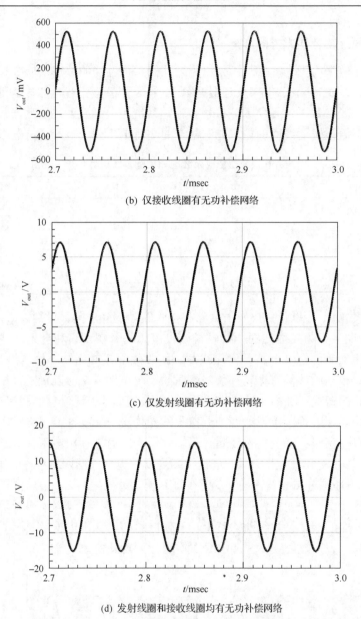

(b) 仅接收线圈有无功补偿网络

(c) 仅发射线圈有无功补偿网络

(d) 发射线圈和接收线圈均有无功补偿网络

图 4.6　SS 型感应无线电能传输系统无功补偿网络对输出电压的影响

　　图 4.7 是对应于发射线圈和接收线圈均有无功补偿网络时，相应的 SS 型感应无线电能传输系统的输入电压和输入电流的波形，它们相位一致，说明输入阻抗为纯阻性，即实现了无功全补偿。

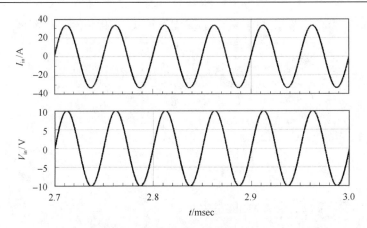

图 4.7　SS 型感应无线电能传输系统输入电流、电压波形

以上设计和分析表明，根据前几节的系统设计方法和第 3 章推导的参数关系来设计系统是正确的。

4.6.2　互感对最大输出功率的影响

仍以 SS 型感应无线电能传输系统为例，构造一个以电压型逆变器为输入电源的实验系统。系统结构如图 4.8 所示，实验设计参数如表 4.2 所示。

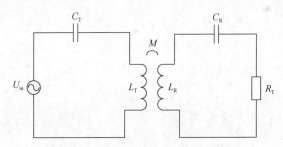

图 4.8　SS 型感应无线电能传输实验系统

表 4.2　系统实验参数

参数	数值	参数	数值
U_{in}/V	4.05	R_L/Ω	1.403
L_T/μH	67.81	R_T/Ω	0.141
L_R/μH	45.16	R_R/Ω	0.1
C_T/μF	0.88	M/μH	0.095
C_R/μF	1.36	f/kHz	20

根据第 3 章的分析，由于考虑了接收线圈的内阻，因此，可将式(3-64)修改为[3]

$$P_{\text{o}} = \frac{\omega^2 M^2 R_{\text{L}} U_{\text{in}}^2}{[R_{\text{T}}(R_{\text{R}} + R_{\text{L}}) + \omega^2 M^2]^2} \tag{4-1}$$

同样，将式(3-96)修改式

$$M_{-\text{SS}} = \frac{\sqrt{R_{\text{T}}(R_{\text{R}} + R_{\text{L}})}}{\omega} \tag{4-2}$$

此时，可得系统的最大输出功率

$$P_{\text{o max}} = \frac{R_{\text{L}} U_{\text{in}}^2}{4R_{\text{T}}(R_{\text{R}} + R_{\text{L}})} \tag{4-3}$$

根据表 4.2 的参数和式(4-3)，可以得到输出功率随互感变化的规律，如图 4.9 中实线所示。同时，根据图 4.8 所示的实验系统，通过实验得到输出功率随互感变化的曲线，如图 4.9 中三角形实线所示。比较图 4.9 中的理论计算和实验结果，两者基本吻合，当互感为 0.06μH 时，输出功率达到最大值，最大输出功率实验值为 26W，理论计算值为 27.9W，验证了系统参数设计的正确性。

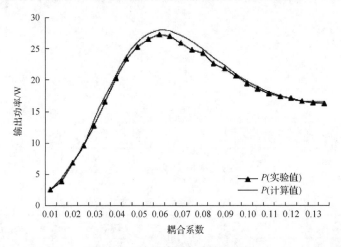

图 4.9　理论计算与实验结果比较

4.6.3　频率分岔现象

以 PP 型感应无线电能传输系统为例，采用电流型逆变器作为输入电源，并对逆变器采用变频控制，从而对频率分岔现象进行实验验证，系统结构如图 4.10 所示，实验参数如表 4.3 所示[4]。

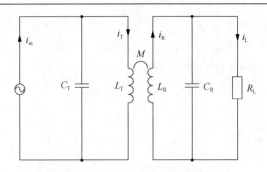

图 4.10　PP 型感应无线电能传输实验系统

表 4.3　系统实验参数

参数	数值	参数	数值
P_o/W	30	C_R/μF	2.42
I_{in}/V	150	R_L/Ω	6.54
L_T/μH	29.6	M/μH	12.7
L_R/μH	26.9	f/kHz	20
C_T/μF	2.21		

　　根据 3.5.3 节的分析，用表 4.3 的参数得到不同负载下 PP 型感应无线电能传输系统的频率分岔规律，如图 4.11 所示。从图中可见，在 RL 约小于 7Ω 时，不会出现分岔，但大于 7Ω 时，将出现三个频率值，产生频率分岔现象，验证了文献 4 的研究结论。

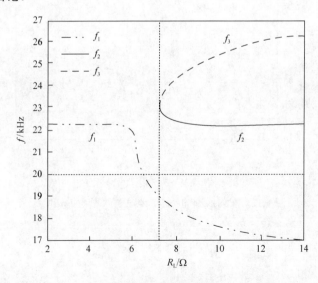

图 4.11　不同负载下的频率分岔（C_T=2.21μF）

在图 4.11 的基础上，改变发射线圈的补偿电容，也可以使系统运行在分岔边界上或者远离分岔边界处，但分岔规律与改变负载电阻时基本相同。图 4.12(a) 是发射线圈的补偿电容增加到 2.38μF 时的频率分岔规律；图 4.12(b) 是发射线圈补偿电容减少到 1.87μF 时的频率分岔规律。

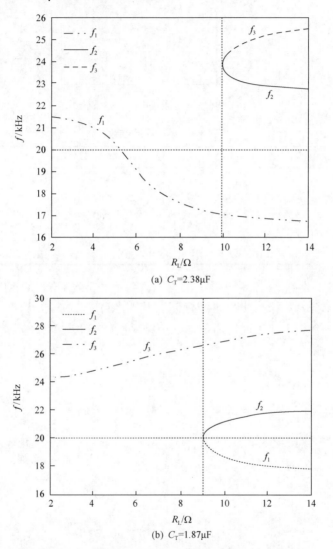

(a) C_T=2.38μF

(b) C_T=1.87μF

图 4.12　发射线圈的补偿电容对频率分岔的影响

4.7　本章小结

　　介绍了典型感应无线电能传输系统的结构，一个完整的系统主要包括逆变器、发射线圈与其补偿网络构成的发射端、接收线圈与其补偿网络构成的接收端，以及输出电压控制电路。逆变器根据功率和不同性价比要求，分为多种类型，为减少开关损耗，可以采用软开关逆变器。发射线圈和接收线圈形式多样，无功补偿网络除了基本的 SS 型、SP 型、PP 型和 PS 型补偿方式外，还可以是它们的串并联组合形式。系统控制方式主要有发射端控制和接收端控制两种，发射端控制要避免频率分岔现象的出现，接收端控制主要是对输出电路的控制。根据本节提出的感应无线电能传输系统设计原则及第 3 章的参数关系，可以设计出所需的系统，具体对不同 SS 型和 PP 型感应无线电能传输系统进行了设计和实验验证。

参 考 文 献

[1] 梁曦东. 中国电气工程大典[M]. 北京: 中国电力出版社, 2009.

[2] 王兆安, 刘进军. 电力电子技术[M]. 第 5 版. 北京: 机械工业出版社, 2012.

[3] Li H L, Hu A P, Covic G A, et al. Optimal coupling condition of IPT system for achieving maximum power transfer[J]. Electronics Letters, 2009, 45(1): 76-77.

[4] Wang C S, Covic G A, Stielau O H. Power transfer capability and bifurcation phenomena of loosely inductive power transfer systems[J]. IEEE transactions on industrial electronics, 2004, 51(1): 148-157.

第5章 谐振无线电能传输系统的原理及模型

本章将介绍谐振无线电能传输的基本原理和系统构成，并分别论述采用耦合模方程和电路理论建立谐振无线电能传输系统模型的基本过程和方法。具体将从一般 LC 串联电路介绍耦合模方程的建模方法，依次对单回路 LC 串联电路、两个单回路 LC 耦合电路和 N 个单回路 LC 耦合电路进行耦合模建模。在此基础上，建立了单负载多线圈谐振无线电能传输系统即具有中继线圈的谐振无线电能传输系统的耦合模模型，以及一般情况的多负载谐振无线电能传输系统的耦合模模型。与耦合模方法相对应，还将采用电路理论建立单负载两线圈、四线圈和多线圈谐振无线电能传输系统的电路模型，以及两负载、多负载谐振无线电能传输系统的电路模型。

5.1 谐振无线电能传输的原理及系统构成

5.1.1 机械共振与谐振原理

谐振是自然界固有的现象，最早被人感知的是机械共振，在电路中称为谐振。共振或谐振具有双重特性，即破坏性和可用性，例如，在历史上曾经出现过军队以整齐的步伐通过大桥时，使桥发生机械共振，造成桥毁人亡的惨剧[1]；电力系统中的铁磁谐振也会造成过电压危害等。然而，荡秋千则利用了机械共振原理；交流弱电信号检测利用了谐波谐振放大原理。由于机械共振原理十分直观，通过对机械共振的描述，可以更好地领会谐振无线电能传输的原理。

机械共振模型可以用一个经典的弹簧系统来加以说明(图 5.1)，系统施加一个周期性驱动外力，则由牛顿第二定律可得受迫振动方程为

$$m\frac{\mathrm{d}^2x}{\mathrm{d}t^2} = -kx - \beta\frac{\mathrm{d}x}{\mathrm{d}t} + F_0\cos\omega t \tag{5-1}$$

式中，m 为物体质量；k 为弹簧的劲度系数；β 为阻尼系数；$F=F_0\cos\omega t$ 为周期性外力，F_0 为其幅值，ω 为其角频率；x 为物体运动的位移。

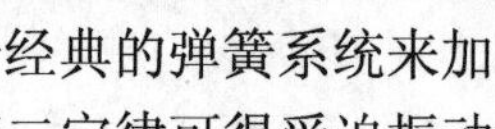

图 5.1 弹簧系统

由式 (5-1) 可以得到弹簧系统受迫振动的振幅

$$x_A = \frac{F/m}{\sqrt{(\omega_0^2 - \omega^2)^2 + (2\beta\omega)^2}} \tag{5-2}$$

式中，ω_0 为系统的固有角频率，显然，当 $\omega = \omega_0$ 时，振幅 x_A 出现极大值，此时发生共振[1,2]。

由以上分析可知，机械系统受迫振动时，当驱动外力的角频率 ω 与系统的固有角频率 ω_0 相差较大时，受迫振动的振幅较小；而当 ω 与 ω_0 相等时，受迫振动的振幅达到最大值。若把提供驱动力的系统视为另一个系统，则共振可以认为是它与受迫机械系统之间形成了最大、最有效的能量交换。将此概念推广到具有多个彼此关联、振动频率相同的物体系统时，则当其中一个物体发生振动，将会引起其余物体共振，形成一个最大、最有效的能量交换运行系统。

在电磁学中，与机械共振原理相对应的是电感、电容电路的谐振，当电源频率与电路固有谐振频率相等时，电路中的电压或电流达到最大值，出现电压或电流谐振，因此，传递到电路负载上的能量最大。显然，在具有多个无物理连接、仅有电磁耦合关系、谐振频率相同的电感、电容电路系统中，给其中一个电感、电容电路供以谐振频率的交流电源，所有电感、电容电路都将发生谐振，能量在各个电路之间最大、最有效地交换，谐振无线电能传输系统就是基于这样的工作原理。

5.1.2　谐振的近场工作条件

要实现谐振无线电能传输，需要有一个外部的电磁条件，即当谐振电路系统无负载时，能量仅在电源与谐振电路之间交换，否则无法实现有负载时持续、高效的能量传递。根据麦克斯韦方程，空间交变磁场分为性质不同的两个部分，其中一部分电磁场能量在辐射源周围空间及辐射源之间周期性地来回流动，不向外发射，称为非辐射近场；另一部分电磁场能量脱离辐射体，以电磁波的形式向外发射，称为辐射远场[3]。因此，谐振无线电能传输系统只有工作在非辐射近场空间，才能实现不同电路之间高效地无线电能交换和传递。

非辐射近场范围定义为 $\lambda/2\pi$（λ 为波长），如图 5.2 所示，在此范围内电场强度与磁场强度的大小没有确定的比例关系，相位相差 $90°$，电磁能量在场源和场之间来回振荡，在一个周期内，场源供给场的能量等于从场返回场源的能量，所以没有能量向外辐射，类似于工作在回音壁模式[3,4]，是一个能量保守场。

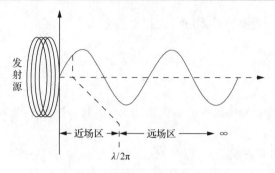

图 5.2　近场与远场的划分

麻省理工学院的学者最早证明了在近场范围内实现中距离谐振无线电能传输的可行性[5~8]。在谐振无线电能传输系统中，中距离一般定义为传输距离为波长的 1/10，且满足以下条件[9, 10]：$\lambda/D/r$=100/10/1，其中，D 为传输距离，r 为发射线圈半径，例如，当电源频率为 10MHz，即波长 λ 为 30m 时，最大传输距离 D 为 3m，线圈半径 r 为 30cm[10]。

5.1.3　谐振无线电能传输系统的构成

谐振无线电能传输系统有三种基本结构(图 5.3)[11,12]：

(1)并联谐振无线电能传输系统，如图 5.3(a)所示；

(2)自谐振无线电能传输系统，如图 5.3(b)所示；

(3)串联谐振无线电能传输系统，如图 5.3(c)所示。

并联谐振无线电能传输系统采用发射线圈、接收线圈与外加集中电容并联的电路，当功率源频率与发射线圈和接收线圈的固有频率相同时，发射线圈发生并联谐振，发射线圈电流最大，产生的磁场最大，耦合到接收线圈，也使接收线圈发生并联谐振，从而传递功率给负载。但由于该系统采用并联谐振原理，接收线圈虽然谐振电流最大，但接收线圈的端电压并不是最大，传递到负载上的功率也不是最大功率。

自谐振无线电能传输系统，即麻省理工学院的学者提出的系统，采用高频电源供电，利用分布电容与发射线圈和接收线圈实现串联谐振。该系统由 4 部分组成，除了发射线圈和接收线圈外，发射端和接收端分别有一个耦合线圈 L_S(源线圈)和 L_D(负载线圈)，源线圈的作用是将高频电源耦合到发射线圈的串联电路；负载线圈的作用是将能量耦合到负载。

串联谐振无线电能传输系统与自谐振无线电能传输系统的结构一样，所不同的是，发射线圈和接收线圈的串联电容为外加电容，适合于较低的电源频率，但工作过程一样。

比较以上三种谐振无线电能传输系统可知，对于并联谐振无线电能传输系统，虽然采用了并联谐振原理，但不是直接将谐振电流供给负载，输出功率和传输效率都不是最大的，因此没有充分发挥谐振的优势，一般不采用；对于自谐振无线电能传输系统和串联谐振无线电能传输系统，两者原理一样，串联谐振时，等效于电源直接加在线圈等效内阻和负载上，负载获得的最大功率和传输效率取决于等效内阻和负载的比值，当谐振频率较高时，最大负载功率和传输效率较高。因此，自谐振无线电能传输系统一般要求工作在 MHz 频率以上，频率较高，电能传输特性比串联谐振无线电能传输系统好[11]，但缺点是对电源要求高。

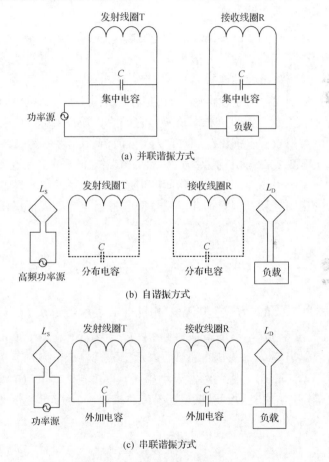

(a) 并联谐振方式

(b) 自谐振方式

(c) 串联谐振方式

图 5.3　基本谐振无线电能传输系统

　　谐振无线电能传输系统的传输原理和工作过程与感应无线电能传输系统不同。谐振无线电能传输系统是基于能量耦合的原理来实现电能的无线传输，其传输特性取决于谐振频率、电磁场耦合强度和品质因数等多个因素，即取决于能量耦合强度。而感应无线电能传输系统则是从电磁耦合关系来构造无线电能传输系统，其传输特性仅取决于电磁场耦合强度。因此，谐振无线电能传输系统比感应无线电能传输系统具有更好的电能传输特性，尤其是在传输距离方面。此外，谐振无线电能传输系统的谐振条件使得非谐振物体不会吸收太多的电能，不会阻碍电能的传输。因而在电磁兼容性和传输方向性方面，谐振无线电能传输系统比感应无线电能传输系统有更大的优势。

5.2 LC 串联谐振电路的耦合模方程

5.2.1 耦合模方程的一般形式

耦合模理论(coupled-mode theory，CMT)是描述物体不同形式能量或两个及多个物体之间能量耦合规律的一般理论，它用能量的形式直观地描述了能量传递的相互关系，是一种近似的建模方法。

根据耦合模理论，对于由电感、电容组成的单回路 LC 电路而言，电能在电感 L 和电容 C 两个储能元件间振荡交换，它们的相互关系可以用表征电感和电容储能关系的耦合模方程来描述；同理，对于两个或多个单回路 LC 电路组成的系统，电能除在单回路 LC 元件间振荡外，还在电路之间振荡，可在单回路 LC 电路耦合模方程的基础上，增加反映电路间的电能耦合关系的耦合模方程来描述。若考虑电路中的电阻损耗及辐射损耗，耦合模方程还需增加表征损耗的变量，因而 LC 电路系统的耦合模方程的一般形式为[13, 14]

$$\frac{\mathrm{d}a_\pm(t)}{\mathrm{d}t} = (\pm\mathrm{j}\omega_m - \varGamma_m)a_{m\pm}(t) \pm \sum_{n\neq m}\mathrm{j}\kappa_{mn}a_{n\pm}(t) + F_m(t) \tag{5-3}$$

式中，$a_{m\pm}$ 称为模幅值，为两个共轭复数，$|a_{m\pm}|^2$ 表示第 m 个 LC 电路电感线圈的储能；ω_m 为第 m 个 LC 电路的谐振角频率；$\varGamma_m$ 为损耗率，表示第 m 个 LC 电路的电阻损耗及辐射损耗；κ_{mn} 为耦合系数，表示第 n 个 LC 电路对第 m 个 LC 电路的影响及能量关系；$F_m(t)$ 为驱动源，表示第 m 个 LC 电路的供电电源。

为简化描述，共轭复数可以仅用正模或负模表示，且忽略正模和负模的下标，则式(5-3)可表示为

$$\frac{\mathrm{d}a_m(t)}{\mathrm{d}t} = (\mathrm{j}\omega_m - \varGamma_m)a_m(t) + \sum_{n\neq m}\mathrm{j}\kappa_{mn}a_n(t) + F_m(t) \tag{5-4}$$

5.2.2 无损耗单回路 LC 电路的耦合模方程

图 5.4 为无损耗单回路 LC 等效电路。根据电感、电容的电压、电流参考方向，可得电路中电感、电容的电压、电流关系为

$$i(t) = -C\frac{\mathrm{d}u(t)}{\mathrm{d}t} \tag{5-5}$$

$$u(t) = L\frac{\mathrm{d}i(t)}{\mathrm{d}t} \tag{5-6}$$

式中，$i(t)$ 为 LC 电路的电流，参考方向如图 5.4 所示；$u(t)$ 为电容两端电压，参考方向如图 5.4 所示。

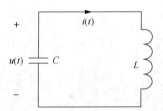

图 5.4　无损耗单回路 LC 电路

定义两个反映电感、电容储能的复变量如下：

$$a_\pm = \sqrt{\frac{C}{2}}u \pm \mathrm{j}\sqrt{\frac{L}{2}}i \tag{5-7}$$

由式 (5-7) 可知 $\begin{cases} u = \dfrac{1}{\sqrt{2C}}(a_+ + a_-) \\ i = \dfrac{1}{\mathrm{j}\sqrt{2L}}(a_+ - a_-) \end{cases}$，并将其代入式 (5-5) 和式 (5-6)，可得无损耗单回路 LC 电路的耦合模方程为

$$\frac{\mathrm{d}a_+}{\mathrm{d}t} = \mathrm{j}\omega a_+ \tag{5-8}$$

$$\frac{\mathrm{d}a_-}{\mathrm{d}t} = -\mathrm{j}\omega a_- \tag{5-9}$$

式中，$\omega = \dfrac{1}{\sqrt{LC}}$ 为 LC 电路的固有谐振角频率。

对比耦合模方程的一般式 (5-3)，可以发现，式 (5-8) 和式 (5-9) 是其最简单的一个形式。

若设电容两端的电压为 $u(t) = U\cos(\omega t + \phi)$，则电流为 $i(t) = \sqrt{\dfrac{C}{L}}U\sin(\omega t + \phi)$，由此可得

$$a_{\pm}(t) = \sqrt{\frac{C}{2}}[u(t) \pm j\sqrt{\frac{L}{C}}i(t)]$$

$$= \sqrt{\frac{C}{2}}[U\cos(\omega t + \phi) \pm jU\sin(\omega t + \phi)] \tag{5-10}$$

$$= \sqrt{\frac{C}{2}}Ue^{\pm j(\omega t + \phi)}$$

分析式(5-10)可以发现

$$|a_{\pm}|^2 = a_+a_- = \frac{1}{2}Li^2 + \frac{1}{2}Cu^2 = \frac{1}{2}CU^2 = W \tag{5-11}$$

式(5-11)的物理意义是电感、电容在任一时刻的储能为常数，用 W 表示，因此，$a_{\pm}$ 反映了 LC 电路中的能量关系。

5.2.3　有损耗单回路 LC 电路的耦合模方程

考虑到 LC 电路的损耗，有损耗单回路 LC 等效电路如图 5.5 所示。

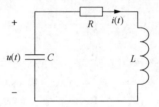

图 5.5　有损耗单回路 LC 电路

假设损耗电阻为 R，根据电感、电容的电压、电流参考方向，电路中电感、电容的电压、电流关系为

$$i(t) = -C\frac{\mathrm{d}u(t)}{\mathrm{d}t} \tag{5-12}$$

$$u(t) = L\frac{\mathrm{d}i(t)}{\mathrm{d}t} + i(t)R \tag{5-13}$$

同理，将式(5-7)代入式(5-12)和式(5-13)，并忽略 a_+ 与 a_- 之间的相互作用，可得有损耗单回路 LC 电路的耦合模方程为

$$\frac{\mathrm{d}a_+}{\mathrm{d}t} = j\omega a_+ - \Gamma a_+ \tag{5-14}$$

$$\frac{\mathrm{d}a_-}{\mathrm{d}t} = -j\omega a_- - \Gamma a_- \tag{5-15}$$

对比耦合模方程的一般式(5-3)，可以发现，式(5-14)和式(5-15)是仅有第一项的耦合模方程。

此时，LC 中的储能仍是

$$\left|a_{\pm}\right|^2 = a_+ a_- = \frac{1}{2}Li^2 + \frac{1}{2}Cu^2 = W \tag{5-16}$$

根据式(5-14)、式(5-15)和式(5-16)可得

$$\frac{\mathrm{d}W}{\mathrm{d}t} = a_+ \frac{\mathrm{d}a_-}{\mathrm{d}t} + a_- \frac{\mathrm{d}a_+}{\mathrm{d}t} = -2\Gamma W \tag{5-17}$$

式(5-17)为有损耗单回路 LC 的储能变化率，该变化率等于电路中消耗的有功功率，因而

$$\frac{\mathrm{d}W}{\mathrm{d}t} = -2\Gamma W = -p_R \tag{5-18}$$

式中，p_R 为电阻 R 上消耗的瞬时功率。

假设 LC 电路的谐振频率足够高，则电路中流过 L 的电流在一个周期内可视为幅值不变的正弦波，则式(5-16)可近似为 $W = \frac{1}{2}Li^2 + \frac{1}{2}Cu^2 \approx \frac{1}{2}LI^2$，而 $P_R = \left(\frac{I}{\sqrt{2}}\right)^2 R$ 为 p_R 在一个周期内的有功功率，其中，I 为该周期电流 i 的最大值，因此，根据式(5-18)近似有

$$2\Gamma\left[\frac{1}{2}Li^2 + \frac{1}{2}Cu^2\right] \approx 2\Gamma\left(\frac{1}{2}LI^2\right) \approx \left(\frac{I}{\sqrt{2}}\right)^2 R \tag{5-19}$$

故可求得损耗率 Γ 为

$$\Gamma = \frac{R}{2L} \tag{5-20}$$

5.2.4　两个无损耗单回路 LC 耦合电路的耦合模方程

两个无损耗单回路 LC 耦合电路如图 5.6 所示，分别用回路 1、回路 2 表示，假设 M 为它们之间的互感系数，此时，无法用类似于 5.2.1 节和 5.2.2 节单回路 LC 电路耦合模方程的推导方法推导出对应的耦合模方程，因此，参照式(5-3)有

$$\frac{\mathrm{d}a_{1\pm}}{\mathrm{d}t} = \pm\mathrm{j}\omega_1 a_{1\pm} \pm \mathrm{j}\kappa_{12}a_{2\pm} \tag{5-21}$$

$$\frac{\mathrm{d}a_{2\pm}}{\mathrm{d}t} = \pm \mathrm{j}\,\omega_2 a_{2\pm} \pm \mathrm{j}\kappa_{21}a_{1\pm} \tag{5-22}$$

式中，$a_{1\pm} = \sqrt{\dfrac{C_1}{2}}u_1 \pm \mathrm{j}\sqrt{\dfrac{L_1}{2}}i_1$，$a_{2\pm} = \sqrt{\dfrac{C_2}{2}}u_2 \pm \mathrm{j}\sqrt{\dfrac{L_2}{2}}i_2$；$\omega_1 = \dfrac{1}{\sqrt{L_1 C_1}}$、$\omega_2 = \dfrac{1}{\sqrt{L_2 C_2}}$ 分别为回路 1、回路 2 的固有谐振角频率；κ_{12}、κ_{21} 分别为回路 1、回路 2 间的耦合系数。

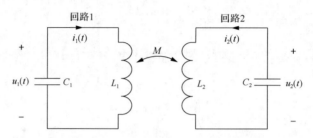

图 5.6　两个无损耗单回路 LC 耦合电路

由于无损耗，图 5.6 所示电路的总能量保持恒定，并根据式 (5-21) 和式 (5-22)，可得到

$$\begin{aligned}
\frac{\mathrm{d}W}{\mathrm{d}t} &= \frac{\mathrm{d}}{\mathrm{d}t}\left(\left|a_1\right|^2 + \left|a_2\right|^2\right) \\
&\approx a_{1+}\frac{\mathrm{d}a_{1-}}{\mathrm{d}t} + a_{1-}\frac{\mathrm{d}a_{1+}}{\mathrm{d}t} + a_{2+}\frac{\mathrm{d}a_{2-}}{\mathrm{d}t} + a_{2-}\frac{\mathrm{d}a_{2+}}{\mathrm{d}t} \\
&= \mathrm{j}(\kappa_{21} - \kappa_{12})(a_{1+}a_{2-} - a_{1-}a_{2+}) = 0
\end{aligned} \tag{5-23}$$

由于 a_1 和 a_2 的初始幅度和相位可以任意设定，根据式 (5-23)，耦合系数应满足以下关系：

$$\kappa_{12} = \kappa_{21} \tag{5-24}$$

式 (5-24) 表明，两个单回路 LC 电路相互之间的耦合系数相等，它们可以通过电路的功率平衡关系求出。

参照式 (5-23)，回路 1、回路 2 中的储能变化率为

$$\begin{aligned}
\frac{\mathrm{d}W_1}{\mathrm{d}t} &= \frac{\mathrm{d}\left|a_1\right|^2}{\mathrm{d}t} = \frac{\mathrm{d}(a_{1+}a_{1-})}{\mathrm{d}t} \approx \mathrm{j}\kappa_{12}(a_{1-}a_{2+} - a_{1+}a_{2-}) \\
\frac{\mathrm{d}W_2}{\mathrm{d}t} &= \frac{\mathrm{d}\left|a_2\right|^2}{\mathrm{d}t} = \frac{\mathrm{d}(a_{2+}a_{2-})}{\mathrm{d}t} \approx \mathrm{j}\kappa_{21}(a_{1+}a_{2-} - a_{1-}a_{2+})
\end{aligned} \tag{5-25}$$

式中，W_1、W_2 分别为回路 1、回路 2 的储能。

根据能量变化率等于功率的关系，式(5-25)应与回路 1 和回路 2 之间的耦合能量变化率相等，即

$$\frac{dW_1}{dt} = \frac{dW_{12}}{dt} = M\frac{di_2}{dt}i_1 \approx \frac{M}{2\sqrt{L_1 L_2}}[j\omega_2(a_{1-}a_{2+} - a_{1+}a_{2-} + a_{1-}a_{2-} - a_{1+}a_{2+})$$
$$- j\kappa_{21}(a_{1+}^2 - a_{1-}^2)]$$

$$\frac{dW_2}{dt} = \frac{dW_{21}}{dt} = M\frac{di_1}{dt}i_2 \approx \frac{M}{2\sqrt{L_1 L_2}}[j\omega_1(a_{1+}a_{2-} - a_{1-}a_{2+} + a_{1-}a_{2-} - a_{1+}a_{2+})$$
$$- j\kappa_{12}(a_{2+}^2 - a_{2-}^2)]$$

$$(5\text{-}26)$$

则由式(2-25)和式(2-26)可得

$$2j\kappa_{12}(a_{1-}a_{2+} - a_{1+}a_{2-}) = \frac{M}{2\sqrt{L_1 L_2}}[j(\omega_1 + \omega_2)(a_{1-}a_{2+} - a_{1+}a_{2-})$$
$$+ j(\omega_2 - \omega_1)(a_{1-}a_{2-} - a_{1+}a_{2+}) - j\kappa_{12}(a_{1+}^2 - a_{1-}^2 - a_{2+}^2 + a_{2-}^2)]$$

$$(5\text{-}27)$$

由于当 ω_1、ω_2 足够高且相差不大时，有

$$j(\omega_2 - \omega_1)(a_{1-}a_{2-} - a_{1+}a_{2+}) = \frac{\omega_2 - \omega_1}{\omega_2}\sqrt{\frac{C_1}{C_2}}u_1 i_2 + \frac{\omega_2 - \omega_1}{\omega_1}\sqrt{\frac{C_2}{C_1}}u_2 i_1 \approx 0 \quad (5\text{-}28)$$

$$a_{1+}^2 - a_{1-}^2 - a_{2+}^2 + a_{2-}^2 = 2j(\frac{i_1 u_1}{\omega_1} - \frac{i_2 u_2}{\omega_2}) \approx 0 \quad (5\text{-}29)$$

则式(5-27)可以近似表示为

$$\kappa_{12} = \kappa_{21} = \kappa = \frac{(\omega_1 + \omega_2)M}{4\sqrt{L_1 L_2}} \quad (5\text{-}30)$$

显然，当 $\omega_1 = \omega_1 = \omega_0$ 时，式(5-30)为

$$\kappa_{12} = \kappa_{21} = \kappa = \frac{\omega_0 M}{2\sqrt{L_1 L_2}} \quad (5\text{-}31)$$

5.2.5　两个有损耗单回路 *LC* 耦合电路的耦合模方程

无外加电源、无负载、有损耗的情况如图 5.7 所示。参见式(5-21)和式(5-22)，考虑电阻损耗，根据式(5-4)，耦合模方程为

$$\frac{\mathrm{d}a_1}{\mathrm{d}t} = \mathrm{j}\omega_1 a_1 - \Gamma_1 a_1 + \mathrm{j}\kappa a_2 \tag{5-32}$$

$$\frac{\mathrm{d}a_2}{\mathrm{d}t} = \mathrm{j}\omega_2 a_2 - \Gamma_2 a_2 + \mathrm{j}\kappa a_1 \tag{5-33}$$

对比式 (5-21) 和式 (5-22)，式 (5-32) 和式 (5-33) 中增加了 $\Gamma_1 a_1(t)$ 和 $\Gamma_2 a_2(t)$，分别代表回路 1 和回路 2 中损耗电阻的影响，根据 5.2.3 节的分析，损耗率分别为 $\Gamma_1 = \dfrac{R_1}{2L_2}$ 和 $\Gamma_2 = \dfrac{R_2}{2L_2}$。

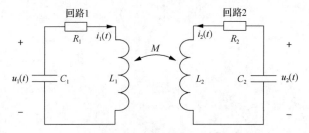

图 5.7　两个有损耗单回路 LC 耦合电路

将式 (5-32) 和式 (5-33) 写成矩阵形式为

$$\begin{bmatrix} \dfrac{\mathrm{d}a_1(t)}{\mathrm{d}t} \\ \dfrac{\mathrm{d}a_2(t)}{\mathrm{d}t} \end{bmatrix} = A \begin{bmatrix} a_1(t) \\ a_2(t) \end{bmatrix} \tag{5-34}$$

式中，

$$A = \begin{bmatrix} \mathrm{j}\omega_1 - \Gamma_1 & \mathrm{j}\kappa \\ \mathrm{j}\kappa & \mathrm{j}\omega_2 - \Gamma_2 \end{bmatrix} \tag{5-35}$$

求解特征方程 $\det(A - \lambda I) = 0$，I 为单位矩阵，可解得

$$\lambda_1 = \mathrm{j}\frac{\omega_1 + \omega_2}{2} - \frac{\Gamma_1 + \Gamma_2}{2} + \mathrm{j}\sqrt{\left(\frac{\omega_1 - \omega_2}{2} + \mathrm{j}\frac{\Gamma_1 - \Gamma_2}{2} \right)^2 + \kappa^2} \tag{5-36}$$

$$\lambda_2 = \mathrm{j}\frac{\omega_1 + \omega_2}{2} - \frac{\Gamma_1 + \Gamma_2}{2} - \mathrm{j}\sqrt{\left(\frac{\omega_1 - \omega_2}{2} + \mathrm{j}\frac{\Gamma_1 - \Gamma_2}{2} \right)^2 + \kappa^2} \tag{5-37}$$

假设回路 1 在 $t = 0$ 时刻的储能为 $|a_1(0)|^2$，回路 2 的储能为 $|a_2(0)|^2$，可得式 (5-34) 的解为

$$a_1(t) = \left(a_1(0) \left[\cos(\Omega_0 t) + \frac{\Gamma_2 - \Gamma_1}{2\Omega_0} \sin(\Omega_0 t) - \mathrm{j}\frac{\omega_2 - \omega_1}{2\Omega_0} \sin(\Omega_0 t) \right] \right. \tag{5-38}$$

$$\left. + a_2(0) \frac{\mathrm{j}\kappa}{\Omega_0} \sin(\Omega_0 t) \right) \mathrm{e}^{\mathrm{j}\frac{\omega_1 + \omega_2}{2} t} \mathrm{e}^{-\frac{\Gamma_1 + \Gamma_2}{2} t}$$

$$a_2(t) = \left(a_1(0) \frac{\mathrm{j}\kappa}{\Omega_0} \sin(\Omega_0 t) + a_2(0) \left(\cos(\Omega_0 t) - \frac{\Gamma_2 - \Gamma_1}{2\Omega_0} \sin(\Omega_0 t) \right. \right. \tag{5-39}$$

$$\left. \left. + \mathrm{j}\frac{\omega_2 - \omega_1}{2\Omega_0} \sin(\Omega_0 t) \right) \right) \mathrm{e}^{\mathrm{j}\frac{\omega_1 + \omega_2}{2} t} \mathrm{e}^{-\frac{\Gamma_1 + \Gamma_2}{2} t}$$

式 (5-38) 与式 (5-39) 中，$\Omega_0 = \sqrt{\left(\dfrac{\omega_1 - \omega_2}{2} + \mathrm{j}\dfrac{\Gamma_1 - \Gamma_2}{2} \right)^2 + \kappa^2}$。

当 $\omega_1 = \omega_2 = \omega_0$，$\Gamma_1 = \Gamma_2 = \Gamma_0$，即回路 1 与回路 2 参数一致，且在 $t=0$ 时刻能量全部储存在回路 1 中，而回路 2 中能量为零，即 $|a_2(0)|^2 = 0$，式 (5-38) 和式 (5-39) 可以简化为

$$a_1(t) = a_1(0) \cos(\kappa t) \mathrm{e}^{\mathrm{j}\omega_0 t} \mathrm{e}^{-\Gamma_0 t} \tag{5-40}$$

$$a_2(t) = \mathrm{j} a_1(0) \sin(\kappa t) \mathrm{e}^{\mathrm{j}\omega_0 t} \mathrm{e}^{-\Gamma_0 t} \tag{5-41}$$

由式 (5-40) 和式 (5-41) 可得回路 1 和回路 2 能量交换和变化的规律，如图 5.8 所示。从图中可以看出，有损耗时，两个单回路 LC 耦合电路中的能量以变幅值的正弦规律逐渐衰减到零，且回路 1 与回路 2 的能量变化规律相差 $180°$，即能量在两个回路中来回交换，此即为它的瞬态工作特性。

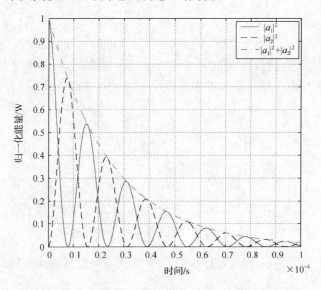

图 5.8　两个有损耗单回路 LC 耦合电路的能量交换过程

5.2.6　N 个有损耗单回路 LC 耦合电路的耦合模方程

可以将以上 LC 耦合电路的耦合模方程的分析方法推广到各种电路情况。一般情况下，对于有外加电源、有负载的 N 个有损耗单回路 LC 耦合电路，可以得到其耦合模方程为

$$\begin{bmatrix} \dfrac{\mathrm{d}a_1}{\mathrm{d}t} \\ \dfrac{\mathrm{d}a_2}{\mathrm{d}t} \\ \vdots \\ \dfrac{\mathrm{d}a_N}{\mathrm{d}t} \end{bmatrix} = \begin{bmatrix} \mathrm{j}\omega_1 - \Gamma_1 & \mathrm{j}\kappa_{12} & \cdots & \mathrm{j}\kappa_{1N} \\ \mathrm{j}\kappa_{21} & \mathrm{j}\omega_2 - \Gamma_2 - \Gamma_{L2} & \cdots & \mathrm{j}\kappa_{2N} \\ \vdots & \vdots & \vdots & \vdots \\ \mathrm{j}\kappa_{N1} & \mathrm{j}\kappa_{N2} & \cdots & \mathrm{j}\omega_N - \Gamma_N - \Gamma_{LN} \end{bmatrix} \begin{bmatrix} a_1 \\ a_2 \\ \vdots \\ a_N \end{bmatrix} + \begin{bmatrix} F_1 \\ 0 \\ \vdots \\ 0 \end{bmatrix} \tag{5-42}$$

式中，F_1 表示加在第一个单回路 LC 电路的激励源；$\Gamma_n = R_n / 2L_n$ 为第 n 个单回路 LC 电路的内阻损耗率；$\Gamma_{Ln} = R_{Ln} / 2L_n\ (n \geqslant 2)$ 为第 n 个单回路 LC 电路的负载损耗率；$\kappa_{nm} = \omega M_{nm} / 2\sqrt{L_n L_m}$ 为其中第 n 个与第 m 个 $(n \neq m)$ 单回路 LC 电路之间的耦合系数，M_{nm} 为它们之间的互感。

5.3　单负载谐振无线电能传输系统的耦合模方程

5.3.1　两线圈系统

单负载两线圈谐振无线电能传输系统等效电路如图 5.9 所示，与 SS 型感应无线电能传输系统等效电路完全一样（图 2.9），对比 5.2.5 节的 LC 耦合电路（图 5.7），电感由两个耦合线圈替代，增加了一个输入交流电源 u_{in} 和负载 R_{L}，电路中的变量符号与 SS 型感应无线电能传输系统相同。

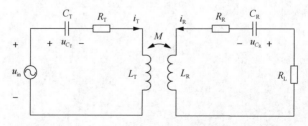

图 5.9　单负载两线圈谐振无线电能传输系统等效电路

根据 5.2.5 节的建模方法及式（5-42），单负载两线圈谐振无线电能传输系统的耦合模方程如下：

$$\frac{\mathrm{d}a_{\mathrm{T}}}{\mathrm{d}t} = \mathrm{j}\omega_{\mathrm{T}}a_{\mathrm{T}} - \varGamma_{\mathrm{T}}a_{\mathrm{T}} + \mathrm{j}\kappa a_{\mathrm{R}} + Fe^{-\mathrm{j}\omega t} \tag{5-43}$$

$$\frac{\mathrm{d}a_{\mathrm{R}}}{\mathrm{d}t} = \mathrm{j}\omega_{\mathrm{R}}a_{\mathrm{R}} - (\varGamma_{\mathrm{R}} + \varGamma_{\mathrm{L}})a_{\mathrm{R}} + \mathrm{j}\kappa a_{\mathrm{T}} \tag{5-44}$$

式中，a_{T}、a_{R} 分别表示发射线圈和接收线圈的储能模幅值；ω_{T}、ω_{R} 分别为发射线圈和接收线圈的固有谐振角频率；$\varGamma_{\mathrm{T}}$、$\varGamma_{\mathrm{R}}$ 分别为发射线圈和接收线圈的损耗率，$\varGamma_{\mathrm{T}} = \dfrac{R_{\mathrm{T}}}{2L_{\mathrm{T}}}$ 和 $\varGamma_{\mathrm{R}} = \dfrac{R_{\mathrm{R}}}{2L_{\mathrm{R}}}$，负载损耗率 $\varGamma_{\mathrm{L}} = \dfrac{R_{\mathrm{L}}}{2L_{\mathrm{R}}}$；$\kappa$ 为发射线圈和接收线圈之间的耦合系数；$Fe^{+\mathrm{j}\omega t}$ 为加在发射线圈上的供电电源表达式，其中 F 为 $\dfrac{U_{\mathrm{in}}}{2\sqrt{L_{\mathrm{T}}}}$，$U_{\mathrm{in}}$ 为 u_{in} 的有效值，ω 为 u_{in} 的角频率。

将式(5-43)和式(5-44)写成矩阵形式为

$$\begin{bmatrix} \dfrac{\mathrm{d}a_{\mathrm{T}}}{\mathrm{d}t} \\ \dfrac{\mathrm{d}a_{\mathrm{R}}}{\mathrm{d}t} \end{bmatrix} = \begin{bmatrix} \mathrm{j}\omega_{\mathrm{T}} - \varGamma_{\mathrm{T}} & \mathrm{j}\kappa \\ \mathrm{j}\kappa & \mathrm{j}\omega_{\mathrm{R}} - \varGamma_{\mathrm{R}} - \varGamma_{\mathrm{L}} \end{bmatrix} \begin{bmatrix} a_{\mathrm{T}} \\ a_{\mathrm{R}} \end{bmatrix} + \begin{bmatrix} Fe^{\mathrm{j}\omega t} \\ 0 \end{bmatrix} \tag{5-45}$$

对应式(5-45)的特征根方程为

$$\begin{bmatrix} \mathrm{j}\omega_{\mathrm{T}} - \varGamma_{\mathrm{T}} - \omega_{\lambda} & \mathrm{j}\kappa \\ \mathrm{j}\kappa & \mathrm{j}\omega_{\mathrm{R}} - \varGamma_{\mathrm{R}} - \varGamma_{\mathrm{L}} - \mathrm{j}\omega_{\lambda} \end{bmatrix} = 0 \tag{5-46}$$

由式(5-46)解得特征角频率如下：

$$\omega_{\lambda_{1,2}} = \frac{\omega_{\mathrm{T}} + \omega_{\mathrm{R}}}{2} + \mathrm{j}\frac{\varGamma_{\mathrm{T}} + \varGamma_{\mathrm{R}} + \varGamma_{\mathrm{L}}}{2} \pm \sqrt{\left(\frac{\omega_{\mathrm{T}} - \omega_{\mathrm{R}}}{2} + \mathrm{j}\frac{\varGamma_{\mathrm{T}} - \varGamma_{\mathrm{R}} - \varGamma_{\mathrm{L}}}{2}\right)^2 + \kappa^2} \tag{5-47}$$

因此，式(5-45)的稳态解为

$$a_{\mathrm{T}} = \frac{[\varGamma_{\mathrm{R}} + \varGamma_{\mathrm{L}} + \mathrm{j}(\omega - \omega_{\mathrm{R}})]Fe^{\mathrm{j}\omega t}}{\kappa^2 + \varGamma_{\mathrm{T}}(\varGamma_{\mathrm{R}} + \varGamma_{\mathrm{L}}) - (\omega_{\mathrm{T}} - \omega)(\omega_{\mathrm{R}} - \omega) + \mathrm{j}[\varGamma_{\mathrm{T}}(\omega - \omega_{\mathrm{R}}) + (\varGamma_{\mathrm{R}} + \varGamma_{\mathrm{L}})(\omega - \omega_{\mathrm{T}})]}$$

$$a_{\mathrm{R}} = \frac{+\mathrm{j}\kappa Fe^{\mathrm{j}\omega t}}{\kappa^2 + \varGamma_{\mathrm{T}}(\varGamma_{\mathrm{R}} + \varGamma_{\mathrm{L}}) - (\omega_{\mathrm{T}} - \omega)(\omega_{\mathrm{R}} - \omega) + \mathrm{j}[\varGamma_{\mathrm{T}}(\omega - \omega_{\mathrm{R}}) + (\varGamma_{\mathrm{R}} + \varGamma_{\mathrm{L}})(\omega - \omega_{\mathrm{T}})]}$$

$$\tag{5-48}$$

当发射线圈和接收线圈固的有谐振频率相同，即 $\omega_{\mathrm{T}} = \omega_{\mathrm{R}} = \omega_0$ 时，式(5-48)可表示为

$$a_T = \frac{[\Gamma_R + \Gamma_L + j(\omega - \omega_o)]Fe^{j\omega t}}{\kappa^2 + \Gamma_T(\Gamma_R + \Gamma_L) - (\omega_o - \omega)^2 + j(\Gamma_T + \Gamma_R + \Gamma_L)(\omega - \omega_o)}$$

$$a_R = \frac{j\kappa Fe^{j\omega t}}{\kappa^2 + \Gamma_T(\Gamma_R + \Gamma_L) - (\omega_o - \omega)^2 + j(\Gamma_T + \Gamma_R + \Gamma_L)(\omega - \omega_o)}$$

$$(5\text{-}49)$$

当发射线圈和接收线圈参数相同，且发射线圈供电电源频率与线圈的固有谐振频率相同，即 $\omega_T = \omega_R = \omega_o = \omega$ 和 $\Gamma_T = \Gamma_R = \Gamma$ 时，式(5-49)可进一步变为

$$a_T = \frac{(\Gamma + \Gamma_L)Fe^{j\omega t}}{\kappa^2 + \Gamma(\Gamma + \Gamma_L)}$$

$$a_R = \frac{j\kappa Fe^{j\omega t}}{\kappa^2 + \Gamma(\Gamma + \Gamma_L)}$$

$$(5\text{-}50)$$

由式(5-50)可见，发射线圈和接收线圈能量的变化规律在稳态时呈正弦规律变化，相位相差 90°，且发射线圈和接收线圈的能量与电源成正比。

5.3.2　四线圈系统

单负载四线圈谐振无线电能传输系统等效电路如图 5.10 所示，之所以采用四线圈，主要是因为利用分布电容作为谐振电容时，无法在发射线圈中串联连接供电电源以及在接收线圈串联连接负载。在采用集中电容作为谐振电容时，也可以采用四线圈结构，此时，可以将其用于电源与发射线圈和负载与接收线圈的隔离，以及作为输入和输出阻抗的匹配。

参见图 5.10，电源给发射端的源线圈 L_S 供电，发射线圈 L_T、接收线圈 L_R 以及负载线圈 L_D 相当于 L_S 的负载，因而可以根据 5.2.6 节耦合模方程的一般式，得到单负载四线圈系统的耦合模方程：

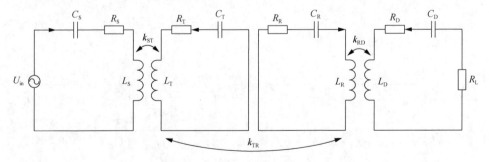

图 5.10　单负载四线圈谐振无线电能传输系统的等效电路

$$
\begin{bmatrix} \dfrac{\mathrm{d}a_{\mathrm{S}}}{\mathrm{d}t} \\[2mm] \dfrac{\mathrm{d}a_{\mathrm{T}}}{\mathrm{d}t} \\[2mm] \dfrac{\mathrm{d}a_{\mathrm{R}}}{\mathrm{d}t} \\[2mm] \dfrac{\mathrm{d}a_{\mathrm{D}}}{\mathrm{d}t} \end{bmatrix} = \begin{bmatrix} j\omega_{\mathrm{S}}-\varGamma_{\mathrm{S}} & j\kappa_{\mathrm{ST}} & j\kappa_{\mathrm{SR}} & j\kappa_{\mathrm{SD}} \\ j\kappa_{\mathrm{TS}} & j\omega_{\mathrm{T}}-\varGamma_{\mathrm{T}} & j\kappa_{\mathrm{TR}} & j\kappa_{\mathrm{TD}} \\ j\kappa_{\mathrm{RS}} & j\kappa_{\mathrm{RT}} & j\omega_{\mathrm{R}}-\varGamma_{\mathrm{R}} & j\kappa_{\mathrm{RD}} \\ j\kappa_{\mathrm{DS}} & j\kappa_{\mathrm{DT}} & j\kappa_{\mathrm{DR}} & j\omega_{\mathrm{D}}-\varGamma_{\mathrm{D}}-\varGamma_{\mathrm{L}} \end{bmatrix} \begin{bmatrix} a_{\mathrm{S}} \\ a_{\mathrm{T}} \\ a_{\mathrm{R}} \\ a_{\mathrm{D}} \end{bmatrix} + \begin{bmatrix} F_{\mathrm{S}} \\ 0 \\ 0 \\ 0 \end{bmatrix} \tag{5-51}
$$

式中，a_{S}、a_{T}、a_{R} 和 a_{D} 分别表示发射端的源线圈、发射线圈、接收线圈和接收端的负载线圈的储能模幅值；ω_{S}、ω_{T}、ω_{R} 和 ω_{D} 分别表示发射端的源线圈、发射线圈、接收线圈和接收端的负载线圈的固有谐振角频率；$\varGamma_{\mathrm{S}}$、$\varGamma_{\mathrm{T}}$、$\varGamma_{\mathrm{R}}$ 和 $\varGamma_{\mathrm{D}}$ 分别表示发射端的源线圈、发射线圈、接收线圈和接收端的负载线圈的损耗率，$\varGamma_{\mathrm{S}}=\dfrac{R_{\mathrm{S}}}{2L_{\mathrm{S}}}$、$\varGamma_{\mathrm{T}}=\dfrac{R_{\mathrm{T}}}{2L_{\mathrm{T}}}$、$\varGamma_{\mathrm{R}}=\dfrac{R_{\mathrm{R}}}{2L_{\mathrm{R}}}$、$\varGamma_{\mathrm{D}}=\dfrac{R_{\mathrm{D}}}{2L_{\mathrm{D}}}$，负载的损耗率为 $\varGamma_{\mathrm{L}}=\dfrac{R_{\mathrm{L}}}{2L_{\mathrm{D}}}$；$\kappa_{\mathrm{ST}}=\kappa_{\mathrm{TS}}$ 表示发射端的源线圈与发射线圈之间的耦合系数，$\kappa_{\mathrm{SR}}=\kappa_{\mathrm{RS}}$ 表示发射端的源线圈与接收线圈之间的耦合系数，$\kappa_{\mathrm{SD}}=\kappa_{\mathrm{DS}}$ 表示发射端的源线圈与接收端的负载线圈之间的耦合系数，$\kappa_{\mathrm{TR}}=\kappa_{\mathrm{RT}}$ 表示发射线圈与接收线圈之间的耦合系数，$\kappa_{\mathrm{TD}}=\kappa_{\mathrm{DT}}$ 表示发射线圈与接收端的负载线圈之间的耦合系数，$\kappa_{\mathrm{RD}}=\kappa_{\mathrm{DR}}$ 表示接收线圈与接收端的负载线圈之间的耦合系数；$F_{\mathrm{S}}=Fe^{j\omega t}$ 为加在发射端的源线圈上的供电电源。

对于大部分的情况，单负载四线圈系统只考虑相邻线圈之间的耦合系数，忽略不相邻线圈之间的耦合系数，则式(5-51)可简化为

$$
\begin{bmatrix} \dfrac{\mathrm{d}a_{\mathrm{S}}}{\mathrm{d}t} \\[2mm] \dfrac{\mathrm{d}a_{\mathrm{T}}}{\mathrm{d}t} \\[2mm] \dfrac{\mathrm{d}a_{\mathrm{R}}}{\mathrm{d}t} \\[2mm] \dfrac{\mathrm{d}a_{\mathrm{D}}}{\mathrm{d}t} \end{bmatrix} = \begin{bmatrix} j\omega_{\mathrm{S}}-\varGamma_{\mathrm{S}} & j\kappa_{\mathrm{ST}} & 0 & 0 \\ j\kappa_{\mathrm{TS}} & j\omega_{\mathrm{T}}-\varGamma_{\mathrm{T}} & 0 & 0 \\ 0 & 0 & j\omega_{\mathrm{R}}-\varGamma_{\mathrm{R}} & j\kappa_{\mathrm{RD}} \\ 0 & 0 & j\kappa_{\mathrm{DR}} & j\omega_{\mathrm{D}}-\varGamma_{\mathrm{D}}-\varGamma_{\mathrm{L}} \end{bmatrix} \begin{bmatrix} a_{\mathrm{S}} \\ a_{\mathrm{T}} \\ a_{\mathrm{R}} \\ a_{\mathrm{D}} \end{bmatrix} + \begin{bmatrix} F_{\mathrm{S}} \\ 0 \\ 0 \\ 0 \end{bmatrix} \tag{5-52}
$$

同理，可以根据式(5-42)，仅在式中令 $\varGamma_{Ln}=R_{Ln}/2L_n=0$（$n\geqslant 2$，$n\neq N$），即可将上述分析推广到单负载多线圈的谐振无线电能传输系统中。

通过以上单负载谐振无线电能传输系统等效电路及耦合模方程可以发现，当线圈数大于 2 时，单负载谐振无线电能传输系统本质上是一个具有中继线圈的无线电能传输系统。

5.4　单负载谐振无线电能传输系统的电路模型

5.4.1　两线圈系统

理论上，对于谐振无线电能传输系统，采用电路模型描述系统特性，只能局限于集中参数系统。此外，由于谐振无线电能传输与感应无线电能传输原理不同，前者是从能量耦合的角度发现能量传输的规律，后者则是从磁场耦合的角度间接地得出能量传输的规律，因此，耦合模方程更适合描述能量耦合的本质。然而，由于人们对电路模型更加熟悉，采用电路模型描述谐振无线电能传输系统，并结合耦合模方程可以进一步深入了解谐振无线电能传输系统的原理。

单负载两线圈谐振无线电能传输系统的等效电路如图 5.9 所示，根据电路理论，发射线圈和接收线圈的自阻抗分别为

$$Z_\text{T} = R_\text{T} + j\omega L_\text{T} + \frac{1}{j\omega C_\text{T}} \text{ 和 } Z_\text{R} = R_\text{R} + R_\text{L} + j\omega L_\text{R} + \frac{1}{j\omega C_\text{R}}$$

列写图 5.9 的基尔霍夫电压定律(KVL)回路方程

$$\begin{bmatrix} \dot{U}_\text{in} \\ 0 \end{bmatrix} = \begin{bmatrix} Z_\text{T} & j\omega M \\ j\omega M & Z_\text{R} \end{bmatrix} \begin{bmatrix} \dot{I}_\text{T} \\ \dot{I}_\text{R} \end{bmatrix} \tag{5-53}$$

从而可求得发射线圈和接收线圈的回路电流

$$\dot{I}_\text{T} = \frac{Z_\text{R} \dot{U}_\text{in}}{Z_\text{T} Z_\text{R} + (\omega M)^2} \tag{5-54}$$

$$\dot{I}_\text{R} = \frac{-j\omega M \dot{U}_\text{in}}{Z_\text{T} Z_\text{R} + (\omega M)^2} \tag{5-55}$$

则可得出发射线圈的输入有功功率为

$$P_\text{in} = U_\text{in}^2 \cdot \text{Re}(\frac{Z_\text{R}}{Z_\text{T} Z_\text{R} + (\omega M)^2})$$
$$= \frac{\{R_\text{T}[(R_\text{R} + R_\text{L})^2 + X_\text{R}^2] + \omega^2 M^2 (R_\text{R} + R_\text{L})\} U_\text{in}^2}{[R_\text{T}(R_\text{R} + R_\text{L}) - X_\text{T} X_\text{R} + \omega^2 M^2]^2 + [R_\text{T} X_\text{R} + (R_\text{R} + R_\text{L}) X_\text{T}]^2} \tag{5-56}$$

式中，$X_\text{T} = \omega L_\text{T} - \frac{1}{\omega C_\text{T}}$ 和 $X_\text{R} = \omega L_\text{R} - \frac{1}{\omega C_\text{R}}$。

负载电阻 R_L 上的输出功率为

$$P_o = I_R^2 R_L$$

$$= \frac{(\omega M)^2 U_{in}^2 R_L}{\left| Z_T Z_R + (\omega M)^2 \right|^2} \tag{5-57}$$

$$= \frac{\omega^2 M^2 R_L U_{in}^2}{[R_T(R_R + R_L) - X_T X_R + \omega^2 M^2]^2 + [R_T X_R + (R_R + R_L)X_T]^2}$$

由式(5-56)和式(5-57)可得传输效率为

$$\eta = \frac{P_o}{P_{in}} \times 100\%$$

$$= \frac{\omega^2 M^2 R_L}{R_T[(R_R + R_L)^2 + X_R^2] + \omega^2 M^2 (R_R + R_L)} \times 100\% \tag{5-58}$$

根据发射线圈和接收线圈不同的工作条件，可分为以下 4 种情况：

(1)当发射线圈和接收线圈均不发生谐振时，即 $X_T \neq 0$ 和 $X_R \neq 0$ 时，传输效率同式(5-58)，效率取决于系统参数，工作原理等效于变压器，靠磁感应耦合来传输功率。

(2)当仅发射线圈发生谐振，即 $X_T = 0$ 时，传输效率同式(5-58)，说明效率与发射线圈是否谐振无关，效率取决于系统参数，工作原理等效于变压器，靠磁感应耦合来传输功率。

(3)当仅有接收线圈发生谐振，即 $X_R = 0$ 时，传输效率为

$$\eta = \frac{\omega^2 M^2 R_L}{R_T(R_R + R_L)^2 + \omega^2 M^2 (R_R + R_L)} \times 100\% \tag{5-59}$$

比较式(5-58)和式(5-59)可知，只要接收线圈发生谐振，传输效率就能达到最大值，这说明接收线圈谐振提高了传输效率。此时，相应的输出功率为

$$P_o = \frac{(\omega M)^2 R_L U_{in}^2}{[R_T(R_R + R_L) + (\omega M)^2]^2 + [(R_R + R_L)X_T]^2} \tag{5-60}$$

(4)当发射线圈和接收线圈均发生谐振时，即 $X_T = 0$ 和 $X_R = 0$ 时，传输效率同式(5-59)，效率最大。此时，相应的输出功率为

$$P_o = \frac{(\omega M)^2 R_L U_{in}^2}{[R_T(R_R + R_L) + (\omega M)^2]^2} \tag{5-61}$$

综合以上 4 种情况的分析，第一种情况属于感应无线电能传输原理；第二种

情况尽管采用了发射线圈谐振原理，但从传输效率与输出功率上看，仍然属于感应无线电能传输原理；第三种情况采用了接收线圈谐振原理，效率最大，但输出功率不是最大，仍然属于感应无线电能传输原理；第四种情况发射线圈和接收线圈均谐振，不仅传输效率最大，而且输出功率最大，属于谐振无线电能传输原理。

5.4.2 四线圈系统

单负载四线圈谐振无线电能传输系统的等效电路如图 5.10 所示。该等效电路只考虑相邻线圈之间的互感，忽略不相邻线圈之间的互感。

根据 KVL 定律，可得单负载四线圈系统的电路方程为

$$
\begin{bmatrix} \dot{U}_{\text{in}} \\ 0 \\ 0 \\ 0 \end{bmatrix} = \begin{bmatrix} Z_{\text{S}} & j\omega M_{\text{ST}} & 0 & 0 \\ j\omega M_{\text{TS}} & Z_{\text{T}} & j\omega M_{\text{TR}} & 0 \\ 0 & j\omega M_{\text{RT}} & Z_{\text{R}} & j\omega M_{\text{RD}} \\ 0 & 0 & j\omega M_{\text{DR}} & Z_{\text{D}} \end{bmatrix} \begin{bmatrix} \dot{I}_{\text{S}} \\ \dot{I}_{\text{T}} \\ \dot{I}_{\text{R}} \\ \dot{I}_{\text{D}} \end{bmatrix} \tag{5-62}
$$

式中，$M_{\text{ST}} = M_{\text{TS}}$，$M_{\text{TR}} = M_{\text{RT}}$，$M_{\text{DR}} = M_{\text{RD}}$；$Z_{\text{S}} = R_{\text{S}} + j\omega L_{\text{S}} + \dfrac{1}{j\omega C_{\text{S}}}$；$Z_{\text{T}} = R_{\text{T}} + j\omega L_{\text{T}} + \dfrac{1}{j\omega C_{\text{T}}}$；$Z_{\text{R}} = R_{\text{R}} + j\omega L_{\text{R}} + \dfrac{1}{j\omega C_{\text{R}}}$；$Z_{\text{D}} = R_{\text{D}} + R_{\text{L}} + j\omega L_{\text{D}} + \dfrac{1}{j\omega C_{\text{D}}}$。

解式 (5-62) 可得各个线圈的电流为

$$
\dot{I}_{\text{S}} = \frac{\dot{U}_{\text{in}}}{Z_{\text{S}}} [1 - \frac{\omega^2 M_{\text{ST}}^2 (Z_{\text{R}} Z_{\text{D}} + \omega^2 M_{\text{RD}}^2)}{\omega^4 M_{\text{ST}}^2 M_{\text{RD}}^2 + Z_{\text{S}} Z_{\text{T}} Z_{\text{R}} Z_{\text{D}} + Z_{\text{R}} Z_{\text{D}} \omega^2 M_{\text{ST}}^2 + Z_{\text{S}} Z_{\text{T}} \omega^2 M_{\text{RD}}^2 + Z_{\text{S}} Z_{\text{D}} \omega^2 M_{\text{TR}}^2}]
$$

$$
\tag{5-63}
$$

$$
\dot{I}_{\text{T}} = \frac{-j\omega M_{\text{ST}} (Z_{\text{R}} Z_{\text{D}} + \omega^2 M_{\text{RD}}^2) \dot{U}_{\text{in}}}{\omega^4 M_{\text{ST}}^2 M_{\text{RD}}^2 + Z_{\text{S}} Z_{\text{T}} Z_{\text{R}} Z_{\text{D}} + Z_{\text{R}} Z_{\text{D}} \omega^2 M_{\text{ST}}^2 + Z_{\text{S}} Z_{\text{T}} \omega^2 M_{\text{RD}}^2 + Z_{\text{S}} Z_{\text{D}} \omega^2 M_{\text{TR}}^2}
$$

$$
\tag{5-64}
$$

$$
\dot{I}_{\text{R}} = \frac{-\omega^2 M_{\text{ST}} M_{\text{TR}} Z_{\text{D}} \dot{U}_{\text{in}}}{\omega^4 M_{\text{ST}}^2 M_{\text{RD}}^2 + Z_{\text{S}} Z_{\text{T}} Z_{\text{R}} Z_{\text{D}} + Z_{\text{R}} Z_{\text{D}} \omega^2 M_{\text{ST}}^2 + Z_{\text{S}} Z_{\text{T}} \omega^2 M_{\text{RD}}^2 + Z_{\text{S}} Z_{\text{D}} \omega^2 M_{\text{TR}}^2}
$$

$$
\tag{5-65}
$$

$$
\dot{I}_{\text{D}} = \frac{j\omega^3 M_{\text{ST}} M_{\text{TR}} M_{\text{RD}} \dot{U}_{\text{in}}}{\omega^4 M_{\text{ST}}^2 M_{\text{RD}}^2 + Z_{\text{S}} Z_{\text{T}} Z_{\text{R}} Z_{\text{D}} + Z_{\text{R}} Z_{\text{D}} \omega^2 M_{\text{ST}}^2 + Z_{\text{S}} Z_{\text{T}} \omega^2 M_{\text{RD}}^2 + Z_{\text{S}} Z_{\text{D}} \omega^2 M_{\text{TR}}^2}
$$

$$
\tag{5-66}
$$

当系统处于谐振状态，即 $\omega_S = \omega_T = \omega_R = \omega_D = \omega$ 时，其中 $\omega_S = \dfrac{1}{\sqrt{L_S C_S}}$ ，$\omega_T = \dfrac{1}{\sqrt{L_T C_T}}$ ，$\omega_R = \dfrac{1}{\sqrt{L_R C_R}}$ ，$\omega_D = \dfrac{1}{\sqrt{L_D C_D}}$ ，各线圈中的有效电流值为

$$\dot{I}_S = \frac{(1 + k_{TR}^2 Q_T Q_R + k_{RD}^2 Q_R Q_D)\dot{U}_{in}}{R_S(1 + k_{ST}^2 k_{RD}^2 Q_S Q_T Q_R Q_D + k_{ST}^2 Q_S Q_T + k_{TR}^2 Q_T Q_R + k_{RD}^2 Q_R Q_D)} \tag{5-67}$$

$$\dot{I}_T = \frac{-jk_{ST}\sqrt{Q_S Q_T}(1 + k_{RD}^2 Q_R Q_D)\dot{U}_{in}}{\sqrt{R_S R_T}(1 + k_{ST}^2 k_{RD}^2 Q_S Q_T Q_R Q_D + k_{ST}^2 Q_S Q_T + k_{TR}^2 Q_T Q_R + k_{RD}^2 Q_R Q_D)} \tag{5-68}$$

$$\dot{I}_R = \frac{-k_{ST} k_{TR} Q_T \sqrt{Q_S Q_R}\dot{U}_{in}}{\sqrt{R_S R_R}(1 + k_{ST}^2 k_{RD}^2 Q_S Q_T Q_R Q_D + k_{ST}^2 Q_S Q_T + k_{TR}^2 Q_T Q_R + k_{RD}^2 Q_R Q_D)} \tag{5-69}$$

$$\dot{I}_D = \frac{jk_{ST} k_{TR} k_{RD} Q_T Q_R \sqrt{Q_S Q_D}\dot{U}_{in}}{\sqrt{R_S(R_D + R_L)}(1 + k_{ST}^2 k_{RD}^2 Q_S Q_T Q_R Q_D + k_{ST}^2 Q_S Q_T + k_{TR}^2 Q_T Q_R + k_{RD}^2 Q_R Q_D)} \tag{5-70}$$

式中，$k_{ST} = \dfrac{M_{ST}}{\sqrt{L_S L_T}}$ ；$k_{TR} = \dfrac{M_{TR}}{\sqrt{L_T L_R}}$ ；$k_{RD} = \dfrac{M_{RD}}{\sqrt{L_R L_D}}$ ；$Q_S = \dfrac{\omega L_S}{R_S}$ ；$Q_T = \dfrac{\omega L_T}{R_T}$ ；$Q_R = \dfrac{\omega L_R}{R_R}$ ；$Q_D = \dfrac{\omega L_D}{R_D + R_L}$ 。

系统的输出功率为

$$P_o = I_D^2 R_L \tag{5-71}$$

传输效率为

$$\eta = \frac{R_L}{R_D + R_L} \frac{(k_{ST}^2 Q_S Q_T)(k_{TR}^2 Q_T Q_R)(k_{RD}^2 Q_R Q_D)}{[(1 + k_{ST}^2 Q_S Q_T)(1 + k_{RD}^2 Q_R Q_D) + k_{TR}^2 Q_T Q_R](1 + k_{TR}^2 Q_T Q_R + k_{RD}^2 Q_R Q_D)} \tag{5-72}$$

分析式(5-71)和式(5-72)，同样可知此时不仅传输效率最大，而且输出功率最大。

对于单负载多线圈谐振无线电能传输系统[15]，等效电路的一般形式如图 5.11 所示，电路模型的建立过程与单负载四线圈谐振无线电能传输系统一样，电路模型的一般形式为

$$\begin{bmatrix} \dot{U}_{\mathrm{in}} \\ 0 \\ 0 \\ \vdots \\ 0 \\ 0 \end{bmatrix} = \begin{bmatrix} Z_1 & j\omega M_{12} & j\omega M_{13} & \cdots & j\omega M_{1,N-1} & j\omega M_{1N} \\ j\omega M_{12} & Z_2 & j\omega M_{23} & \cdots & j\omega M_{2,N-1} & j\omega M_{2N} \\ j\omega M_{13} & j\omega M_{23} & Z_3 & \cdots & j\omega M_{3,N-1} & j\omega M_{3N} \\ \vdots & \vdots & \vdots & \vdots & \vdots & \vdots \\ j\omega M_{1,N-1} & j\omega M_{2,N-1} & j\omega M_{3,N-1} & \cdots & Z_{N-1} & j\omega M_{N-1,N} \\ j\omega M_{1N} & j\omega M_{2N} & j\omega M_{3N} & \cdots & j\omega M_{N-1,N} & Z_N \end{bmatrix} \begin{bmatrix} \dot{I}_1 \\ \dot{I}_2 \\ \dot{I}_3 \\ \vdots \\ \dot{I}_{N-1} \\ \dot{I}_N \end{bmatrix}$$

$$(5\text{-}73)$$

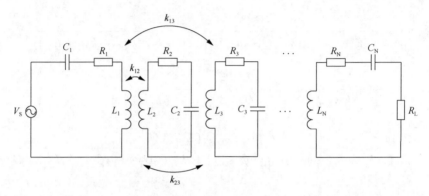

图 5.11　单负载多线圈谐振无线电能传输系统等效电路

5.5　多负载谐振无线电能传输系统的耦合模方程

5.5.1　两负载系统

两负载三线圈谐振无线电能传输系统等效电路如图 5.12 所示,根据式(5-42),可得两负载三线圈谐振无线电能传输系统的耦合模方程如下:

$$\frac{\mathrm{d}a_{\mathrm{T}}}{\mathrm{d}t} = j\omega_{\mathrm{T}}a_{\mathrm{T}} - \varGamma_{\mathrm{T}}a_{\mathrm{T}} + j\kappa_{\mathrm{T1}}a_1 + j\kappa_{\mathrm{T2}}a_2 + Fe^{j\omega t} \tag{5-74}$$

$$\frac{\mathrm{d}a_1}{\mathrm{d}t} = j\omega_1 a_1 - (\varGamma_1 + \varGamma_{\mathrm{L1}})a_1 + j\kappa_{\mathrm{1T}}a_{\mathrm{T}} + j\kappa_{12}a_2 \tag{5-75}$$

$$\frac{\mathrm{d}a_2}{\mathrm{d}t} = j\omega_2 a_2 - (\varGamma_2 + \varGamma_{\mathrm{L2}})a_2 + j\kappa_{\mathrm{2T}}a_{\mathrm{T}} + j\kappa_{21}a_1 \tag{5-76}$$

式中,a_{T}、a_1 和 a_2 分别表示发射线圈、接收线圈 1 和接收线圈 2 的储能模幅值;ω_{T}、ω_1 和 ω_2 分别为发射线圈、接收线圈 1 和接收线圈 2 的固有谐振角频率;$\varGamma_{\mathrm{T}}$、

$\varGamma_1$ 和 $\varGamma_2$ 分别为发射线圈、接收线圈 1 和接收线圈 2 的内阻损耗率，$\varGamma_\mathrm{T} = \dfrac{R_\mathrm{T}}{2L_\mathrm{T}}$、

$\varGamma_1 = \dfrac{R_1}{2L_1}$ 和 $\varGamma_2 = \dfrac{R_2}{2L_2}$；$\varGamma_\mathrm{L1}$ 和 $\varGamma_\mathrm{L2}$ 分别为接收线圈 1 和接收线圈 2 的负载损耗率，

$\varGamma_\mathrm{L1} = \dfrac{R_\mathrm{L1}}{2L_1}$ 和 $\varGamma_\mathrm{L2} = \dfrac{R_\mathrm{L2}}{2L_2}$；$\kappa_\mathrm{T1}$、$\kappa_\mathrm{1T}$ 为发射线圈和接收线圈 1 之间的耦合系数，

κ_T2、κ_2T 为发射线圈和接收线圈 2 之间的耦合系数，κ_{12}、κ_{21} 为接收线圈 1 和接收线圈 2 之间的耦合系数；$Fe^{j\omega t}$ 为加在发射线圈上的供电电源，其中 $F = \dfrac{U_\mathrm{in}}{2\sqrt{L_\mathrm{T}}}$，

U_in 为 u_in 的有效值、ω 为 u_in 的角频率。

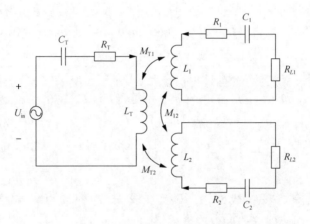

图 5.12　两负载三线圈谐振无线电能传输系统等效电路

由式 (5-31) 可知，$\kappa_\mathrm{T1} = \kappa_\mathrm{1T}$，$\kappa_\mathrm{T2} = \kappa_\mathrm{2T}$，$\kappa_{12} = \kappa_{21}$，将其带入式 (5-74)～式 (5-76)，并写成矩阵形式，则有

$$
\begin{bmatrix} \dfrac{\mathrm{d}a_\mathrm{T}}{\mathrm{d}t} \\[2mm] \dfrac{\mathrm{d}a_1}{\mathrm{d}t} \\[2mm] \dfrac{\mathrm{d}a_2}{\mathrm{d}t} \end{bmatrix} = \begin{bmatrix} j\omega_\mathrm{T} - \varGamma_\mathrm{T} & j\kappa_\mathrm{T1} & j\kappa_\mathrm{T2} \\ j\kappa_\mathrm{T1} & j\omega_1 - \varGamma_1 - \varGamma_{L1} & j\kappa_{12} \\ j\kappa_\mathrm{T2} & j\kappa_{12} & j\omega_2 - \varGamma_2 - \varGamma_{L2} \end{bmatrix} \begin{bmatrix} a_\mathrm{T} \\ a_1 \\ a_2 \end{bmatrix} + \begin{bmatrix} Fe^{j\omega t} \\ 0 \\ 0 \end{bmatrix} \tag{5-77}
$$

由式 (5-77) 可求出系统的稳态解为

$$a_\mathrm{T} = \frac{\begin{aligned}&\{[\kappa_{12}^2-(\omega-\omega_1)(\omega-\omega_2)+(\Gamma_1+\Gamma_{L1})(\Gamma_2+\Gamma_{L2})]\\&+\mathrm{j}[(\omega-\omega_1)(\Gamma_2+\Gamma_{L2})+(\omega-\omega_2)(\Gamma_1+\Gamma_{L1})]\}Fe^{\mathrm{j}\omega t}\end{aligned}}{\begin{aligned}&[\kappa_{\mathrm{T1}}^2(\Gamma_2+\Gamma_{L2})+\kappa_{\mathrm{T2}}^2(\Gamma_1+\Gamma_{L1})+\kappa_{12}^2\Gamma_\mathrm{T}+\Gamma_\mathrm{T}(\Gamma_1+\Gamma_{L1})(\Gamma_2+\Gamma_{L2})\\&-(\omega-\omega_\mathrm{T})(\omega-\omega_1)(\Gamma_2+\Gamma_{L2})-(\omega-\omega_\mathrm{T})(\omega-\omega_2)(\Gamma_1+\Gamma_{L1})-(\omega-\omega_1)(\omega-\omega_2)\Gamma_\mathrm{T}]\\&+\mathrm{j}[-(\omega-\omega_\mathrm{T})(\omega-\omega_2)(\omega-\omega_1)+(\omega-\omega_\mathrm{T})(\Gamma_1+\Gamma_{L1})(\Gamma_2+\Gamma_{L2})+(\omega-\omega_1)\Gamma_\mathrm{T}(\Gamma_2+\Gamma_{L2})\\&+(\omega-\omega_2)\Gamma_\mathrm{T}(\Gamma_1+\Gamma_{L1})+(\omega-\omega_\mathrm{T})\kappa_{12}^2+(\omega-\omega_1)\kappa_{\mathrm{T2}}^2+(\omega-\omega_2)\kappa_{\mathrm{T1}}^2+2\kappa_{\mathrm{T1}}\kappa_{\mathrm{T2}}\kappa_{12}]\end{aligned}}$$

$$a_1 = \frac{-\{[\kappa_{\mathrm{T1}}(\omega-\omega_2)+\kappa_{\mathrm{T2}}\kappa_{12}]-\mathrm{j}\kappa_{\mathrm{T1}}(\Gamma_2+\Gamma_{L2})\}Fe^{\mathrm{j}\omega t}}{\begin{aligned}&[\kappa_{\mathrm{T1}}^2(\Gamma_2+\Gamma_{L2})+\kappa_{\mathrm{T2}}^2(\Gamma_1+\Gamma_{L1})+\kappa_{12}^2\Gamma_\mathrm{T}+\Gamma_\mathrm{T}(\Gamma_1+\Gamma_{L1})(\Gamma_2+\Gamma_{L2})\\&-(\omega-\omega_\mathrm{T})(\omega-\omega_1)(\Gamma_2+\Gamma_{L2})-(\omega-\omega_\mathrm{T})(\omega-\omega_2)(\Gamma_1+\Gamma_{L1})-(\omega-\omega_1)(\omega-\omega_2)\Gamma_\mathrm{T}]\\&+\mathrm{j}[-(\omega-\omega_\mathrm{T})(\omega-\omega_2)(\omega-\omega_1)+(\omega-\omega_\mathrm{T})(\Gamma_1+\Gamma_{L1})(\Gamma_2+\Gamma_{L2})+(\omega-\omega_1)\Gamma_\mathrm{T}(\Gamma_2+\Gamma_{L2})\\&+(\omega-\omega_2)\Gamma_\mathrm{T}(\Gamma_1+\Gamma_{L1})+(\omega-\omega_\mathrm{T})\kappa_{12}^2+(\omega-\omega_1)\kappa_{\mathrm{T2}}^2+(\omega-\omega_2)\kappa_{\mathrm{T1}}^2+2\kappa_{\mathrm{T1}}\kappa_{\mathrm{T2}}\kappa_{12}]\end{aligned}}$$

$$a_2 = \frac{-\{[\kappa_{\mathrm{T1}}\kappa_{12}+\kappa_{\mathrm{T2}}(\omega-\omega_1)]-\mathrm{j}\kappa_{\mathrm{T2}}(\Gamma_1+\Gamma_{L1})\}Fe^{\mathrm{j}\omega t}}{\begin{aligned}&[\kappa_{\mathrm{T1}}^2(\Gamma_2+\Gamma_{L2})+\kappa_{\mathrm{T2}}^2(\Gamma_1+\Gamma_{L1})+\kappa_{12}^2\Gamma_\mathrm{T}+\Gamma_\mathrm{T}(\Gamma_1+\Gamma_{L1})(\Gamma_2+\Gamma_{L2})\\&-(\omega-\omega_\mathrm{T})(\omega-\omega_1)(\Gamma_2+\Gamma_{L2})-(\omega-\omega_\mathrm{T})(\omega-\omega_2)(\Gamma_1+\Gamma_{L1})-(\omega-\omega_1)(\omega-\omega_2)\Gamma_\mathrm{T}]\\&+\mathrm{j}[-(\omega-\omega_\mathrm{T})(\omega-\omega_2)(\omega-\omega_1)+(\omega-\omega_\mathrm{T})(\Gamma_1+\Gamma_{L1})(\Gamma_2+\Gamma_{L2})+(\omega-\omega_1)\Gamma_\mathrm{T}(\Gamma_2+\Gamma_{L2})\\&+(\omega-\omega_2)\Gamma_\mathrm{T}(\Gamma_1+\Gamma_{L1})+(\omega-\omega_\mathrm{T})\kappa_{12}^2+(\omega-\omega_1)\kappa_{\mathrm{T2}}^2+(\omega-\omega_2)\kappa_{\mathrm{T1}}^2+2\kappa_{\mathrm{T1}}\kappa_{\mathrm{T2}}\kappa_{12}]\end{aligned}}$$

$$(5\text{-}78)$$

当发射线圈、接收线圈 1 和接收线圈 2 的固有谐振频率相同，即 $\omega_\mathrm{T}=\omega_1=\omega_2=\omega_0$ 时，式(5-78)可表示成

$$a_\mathrm{T} = \frac{\begin{aligned}&\{[\kappa_{12}^2-(\omega-\omega_0)^2+(\Gamma_1+\Gamma_{L1})(\Gamma_2+\Gamma_{L2})]\\&+\mathrm{j}(\omega-\omega_0)(\Gamma_1+\Gamma_{L1}+\Gamma_2+\Gamma_{L2})\}Fe^{\mathrm{j}\omega t}\end{aligned}}{\begin{aligned}&[\kappa_{\mathrm{T1}}^2(\Gamma_2+\Gamma_{L2})+\kappa_{\mathrm{T2}}^2(\Gamma_1+\Gamma_{L1})+\kappa_{12}^2\Gamma_\mathrm{T}+\Gamma_\mathrm{T}(\Gamma_1+\Gamma_{L1})(\Gamma_2+\Gamma_{L2})\\&-(\omega-\omega_0)^2(\Gamma_\mathrm{T}+\Gamma_1+\Gamma_{L1}+\Gamma_2+\Gamma_{L2})]+\mathrm{j}\{2\kappa_{\mathrm{T1}}\kappa_{\mathrm{T2}}\kappa_{12}-(\omega-\omega_0)^3\\&+(\omega-\omega_0)[(\Gamma_1+\Gamma_{L1})(\Gamma_2+\Gamma_{L2})+\Gamma_\mathrm{T}(\Gamma_2+\Gamma_{L2})+\Gamma_\mathrm{T}(\Gamma_1+\Gamma_{L1})+\kappa_{\mathrm{T1}}^2+\kappa_{\mathrm{T2}}^2+\kappa_{12}^2]\}\end{aligned}}$$

$$a_1 = \frac{-\{[\kappa_{\mathrm{T1}}(\omega-\omega_0)+\kappa_{\mathrm{T2}}\kappa_{12}]-\mathrm{j}\kappa_{\mathrm{T1}}(\Gamma_2+\Gamma_{L2})\}Fe^{\mathrm{j}\omega t}}{\begin{aligned}&[\kappa_{\mathrm{T1}}^2(\Gamma_2+\Gamma_{L2})+\kappa_{\mathrm{T2}}^2(\Gamma_1+\Gamma_{L1})+\kappa_{12}^2\Gamma_\mathrm{T}+\Gamma_\mathrm{T}(\Gamma_1+\Gamma_{L1})(\Gamma_2+\Gamma_{L2})\\&-(\omega-\omega_0)^2(\Gamma_\mathrm{T}+\Gamma_1+\Gamma_{L1}+\Gamma_2+\Gamma_{L2})]+\mathrm{j}\{2\kappa_{\mathrm{T1}}\kappa_{\mathrm{T2}}\kappa_{12}-(\omega-\omega_0)^3\\&+(\omega-\omega_0)[(\Gamma_1+\Gamma_{L1})(\Gamma_2+\Gamma_{L2})+\Gamma_\mathrm{T}(\Gamma_2+\Gamma_{L2})+\Gamma_\mathrm{T}(\Gamma_1+\Gamma_{L1})+\kappa_{\mathrm{T1}}^2+\kappa_{\mathrm{T2}}^2+\kappa_{12}^2]\}\end{aligned}}$$

$$a_2 = \frac{-\{[\kappa_{T1}\kappa_{12} + \kappa_{T2}(\omega - \omega_0)] - j\kappa_{T2}(\Gamma_1 + \Gamma_{L1})\}Fe^{j\omega t}}{[\kappa_{T1}^2(\Gamma_2 + \Gamma_{L2}) + \kappa_{T2}^2(\Gamma_1 + \Gamma_{L1}) + \kappa_{12}^2\Gamma_T + \Gamma_T(\Gamma_1 + \Gamma_{L1})(\Gamma_2 + \Gamma_{L2})}$$

$$-(\omega - \omega_0)^2(\Gamma_T + \Gamma_1 + \Gamma_{L1} + \Gamma_2 + \Gamma_{L2})] + j\{2\kappa_{T1}\kappa_{T2}\kappa_{12} - (\omega - \omega_0)^3$$

$$+(\omega - \omega_0)[(\Gamma_1 + \Gamma_{L1})(\Gamma_2 + \Gamma_{L2}) + \Gamma_T(\Gamma_2 + \Gamma_{L2}) + \Gamma_T(\Gamma_1 + \Gamma_{L1}) + \kappa_{T1}^2 + \kappa_{T2}^2 + \kappa_{12}^2]\}$$

$$(5-79)$$

当发射线圈、接收线圈 1 和接收线圈 2 的参数相同，发射线圈与接收线圈 1、接收线圈 2 之间的耦合系数相同，接收线圈 1 和接收线圈 2 的负载电阻相同，且发射线圈供电电源频率与线圈的固有谐振频率相同时，即 $\omega_T = \omega_1 = \omega_2 = \omega_0 = \omega$，$\kappa_{T1} = \kappa_{T2} = \kappa_T$，$\Gamma_{L1} = \Gamma_{L2} = \Gamma_L$，$\Gamma_T = \Gamma_1 = \Gamma_2 = \Gamma$，式(5-79)变为

$$a_T = \frac{[\kappa_{12}^2 + (\Gamma + \Gamma_L)^2]Fe^{j\omega t}}{2\kappa_T^2[(\Gamma + \Gamma_L) + j\kappa_{12}] + \kappa_{12}^2\Gamma + \Gamma(\Gamma + \Gamma_L)^2}$$

$$a_1 = \frac{-\kappa_T[\kappa_{12} - j(\Gamma + \Gamma_L)]Fe^{j\omega t}}{2\kappa_T^2[(\Gamma + \Gamma_L) + j\kappa_{12}] + \kappa_{12}^2\Gamma + \Gamma(\Gamma + \Gamma_L)^2} \qquad (5-80)$$

$$a_2 = \frac{-\kappa_T[\kappa_{12} - j(\Gamma + \Gamma_L)]Fe^{j\omega t}}{2\kappa_T^2[(\Gamma + \Gamma_L) + j\kappa_{12}] + \kappa_{12}^2\Gamma + \Gamma(\Gamma + \Gamma_L)^2}$$

由式(5-80)可见，当接收线圈 1 和接收线圈 2 之间的耦合系数远小于发射线圈和接收线圈 1 或接收线圈 2 之间的耦合系数，可忽略不计，即 $\kappa_{12} = 0$ 时，式(5-80)可简化为

$$a_T = \frac{(\Gamma + \Gamma_L)^2 Fe^{j\omega t}}{2\kappa_T^2(\Gamma + \Gamma_L) + \Gamma(\Gamma + \Gamma_L)^2}$$

$$a_1 = \frac{j\kappa_T(\Gamma + \Gamma_L)Fe^{j\omega t}}{2\kappa_T^2(\Gamma + \Gamma_L) + \Gamma(\Gamma + \Gamma_L)^2} \qquad (5-81)$$

$$a_2 = \frac{j\kappa_T(\Gamma + \Gamma_L)Fe^{j\omega t}}{2\kappa_T^2(\Gamma + \Gamma_L) + \Gamma(\Gamma + \Gamma_L)^2}$$

由式(5-81)可知，当接收线圈 1 和接收线圈 2 的参数完全相同，且耦合系数忽略不计时，发射线圈与接收线圈 1 和接收线圈 2 的能量稳态时呈正弦规律变化，相位相差 90°，接收线圈 1 和接收线圈 2 的能量完全相同，且发射线圈和接收线圈 1、接收线圈 2 的能量均与电源成正比。

5.5.2　多负载系统

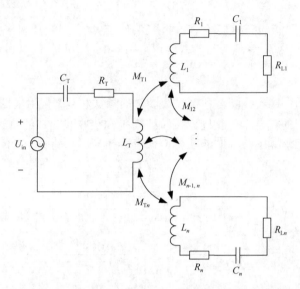

图 5.13　多负载多线圈谐振无线电能传输系统等效电路

多负载多线圈谐振无线电能传输系统等效电路如图 5.13 所示，根据式(5-42)可得多负载多线圈谐振无线电能传输系统的耦合模方程如下：

$$
\begin{bmatrix} \dfrac{\mathrm{d}a_\mathrm{T}}{\mathrm{d}t} \\ \dfrac{\mathrm{d}a_1}{\mathrm{d}t} \\ \vdots \\ \dfrac{\mathrm{d}a_n}{\mathrm{d}t} \end{bmatrix} = \begin{bmatrix} \mathrm{j}\omega_\mathrm{T}-\varGamma_\mathrm{T} & \mathrm{j}\kappa_{\mathrm{T}1} & \cdots & \mathrm{j}\kappa_{\mathrm{T}n} \\ \mathrm{j}\kappa_{1\mathrm{T}} & \mathrm{j}\omega_1-\varGamma_1-\varGamma_{\mathrm{L}1} & \cdots & \mathrm{j}\kappa_{1n} \\ \vdots & \vdots & \vdots & \vdots \\ \mathrm{j}\kappa_{n\mathrm{T}} & \mathrm{j}\kappa_{n1} & \cdots & \mathrm{j}\omega_n-\varGamma_n-\varGamma_{\mathrm{L}n} \end{bmatrix} \begin{bmatrix} a_\mathrm{T} \\ a_1 \\ \vdots \\ a_n \end{bmatrix} + \begin{bmatrix} F\mathrm{e}^{\mathrm{j}\omega t} \\ 0 \\ \vdots \\ 0 \end{bmatrix} \quad (5\text{-}82)
$$

式中，$F\mathrm{e}^{\mathrm{j}\omega t}$ 表示加在发射线圈上的供电电源；$\varGamma_n=R_n/2L_n$ 为接收线圈 n 的内阻损耗率；$\varGamma_{\mathrm{L}n}=R_{\mathrm{L}n}/2L_n$ 为接收线圈 n 的负载损耗率；$\kappa_{\mathrm{T}n}=\omega M_{\mathrm{T}n}/2\sqrt{L_\mathrm{T}L_n}$ 为发射线圈与接收线圈 n 之间的耦合系数，$M_{\mathrm{T}n}$ 为它们之间的互感，且 $\kappa_{\mathrm{T}n}=\kappa_{n\mathrm{T}}$、$M_{\mathrm{T}n}=M_{n\mathrm{T}}$；$\kappa_{mn}=\omega M_{mn}/2\sqrt{L_mL_n}$（$m\neq n$）为接收线圈 m 和接收线圈 n 之间的耦合系数，M_{mn} 为它们之间的互感，且 $\kappa_{mn}=\kappa_{nm}$、$M_{mn}=M_{nm}$。

　　对于大多数情况，多负载多线圈系统只考虑发射线圈和各接收线圈之间的耦合系数，忽略接收线圈之间的耦合系数，即 $\kappa_{mn}=\kappa_{nm}=0$ 时，式(5-82)可简化为

$$
\begin{bmatrix} \dfrac{\mathrm{d}a_\mathrm{T}}{\mathrm{d}t} \\ \dfrac{\mathrm{d}a_1}{\mathrm{d}t} \\ \vdots \\ \dfrac{\mathrm{d}a_n}{\mathrm{d}t} \end{bmatrix} = \begin{bmatrix} \mathrm{j}\omega_\mathrm{T} - \varGamma_\mathrm{T} & \mathrm{j}\kappa_\mathrm{T1} & \cdots & \mathrm{j}\kappa_\mathrm{Tn} \\ \mathrm{j}\kappa_\mathrm{1T} & \mathrm{j}\omega_1 - \varGamma_1 - \varGamma_\mathrm{L1} & \cdots & 0 \\ \vdots & \vdots & \vdots & \vdots \\ \mathrm{j}\kappa_{n\mathrm{T}} & 0 & \cdots & \mathrm{j}\omega_n - \varGamma_n - \varGamma_{\mathrm{L}n} \end{bmatrix} \begin{bmatrix} a_\mathrm{T} \\ a_1 \\ \vdots \\ a_n \end{bmatrix} + \begin{bmatrix} F\mathrm{e}^{\mathrm{j}\omega t} \\ 0 \\ \vdots \\ 0 \end{bmatrix} \tag{5-83}
$$

5.6　多负载谐振无线电能传输系统的电路模型

5.6.1　两负载系统

两负载三线圈谐振无线电能传输系统的等效电路同图 5.12，根据电路理论，可得发射线圈、接收线圈 1 和接收线圈 2 的电抗分别为

$$
X_\mathrm{T} = \omega L_\mathrm{T} - \frac{1}{\omega C_\mathrm{T}}、\quad X_1 = \omega L_1 - \frac{1}{\omega C_1} \text{ 和 } X_2 = \omega L_2 - \frac{1}{\omega C_2}
$$

以及发射线圈、接收线圈 1 和接收线圈 2 的阻抗分别为

$$
Z_\mathrm{T} = R_\mathrm{T} + \mathrm{j}X_\mathrm{T}、\quad Z_1 = R_1 + R_\mathrm{L1} + \mathrm{j}X_1 \text{ 和 } Z_2 = R_2 + R_\mathrm{L2} + \mathrm{j}X_2
$$

列写图 5.12 的 KVL 方程为

$$
\begin{bmatrix} \dot{U}_\mathrm{in} \\ 0 \\ 0 \end{bmatrix} = \begin{bmatrix} R_\mathrm{T} + \mathrm{j}X_\mathrm{T} & \mathrm{j}\omega M_\mathrm{T1} & \mathrm{j}\omega M_\mathrm{T2} \\ \mathrm{j}\omega M_\mathrm{1T} & R_1 + R_\mathrm{L1} + \mathrm{j}X_1 & \mathrm{j}\omega M_{12} \\ \mathrm{j}\omega M_\mathrm{2T} & \mathrm{j}\omega M_{21} & R_2 + R_\mathrm{L2} + \mathrm{j}X_2 \end{bmatrix} \begin{bmatrix} \dot{I}_\mathrm{T} \\ \dot{I}_1 \\ \dot{I}_2 \end{bmatrix}
$$
$$
= \begin{bmatrix} Z_\mathrm{T} & \mathrm{j}\omega M_\mathrm{T1} & \mathrm{j}\omega M_\mathrm{T2} \\ \mathrm{j}\omega M_\mathrm{1T} & Z_1 & \mathrm{j}\omega M_{12} \\ \mathrm{j}\omega M_\mathrm{2T} & \mathrm{j}\omega M_{21} & Z_2 \end{bmatrix} \begin{bmatrix} \dot{I}_\mathrm{T} \\ \dot{I}_1 \\ \dot{I}_2 \end{bmatrix} \tag{5-84}
$$

由于 $M_\mathrm{T1} = M_\mathrm{1T}$，$M_\mathrm{T2} = M_\mathrm{2T}$，$M_{12} = M_{21}$，代入式 (5-84)，并求出发射线圈、接收线圈 1 和接收线圈 2 的回路电流为

$$
\dot{I}_1 = -\frac{\omega^2 M_\mathrm{T2} M_{12} + \mathrm{j}\omega M_\mathrm{T1} Z_2}{Z_1 Z_2 + \omega^2 M_{12}^2} \dot{I}_\mathrm{T} \tag{5-85}
$$

$$
\dot{I}_2 = -\frac{\omega^2 M_\mathrm{T1} M_{12} + \mathrm{j}\omega M_\mathrm{T2} Z_1}{Z_1 Z_2 + \omega^2 M_{12}^2} \dot{I}_\mathrm{T} \tag{5-86}
$$

$$\dot{U}_{\text{in}} = \left(Z_{\text{T}} + \frac{\omega^2 M_{\text{T1}}^2 Z_2 - \mathrm{j}\omega^3 M_{\text{T1}} M_{\text{T2}} M_{12}}{Z_1 Z_2 + \omega^2 M_{12}^2} + \frac{\omega^2 M_{\text{T2}}^2 Z_1 - \mathrm{j}\omega^3 M_{\text{T1}} M_{\text{T2}} M_{12}}{Z_1 Z_2 + \omega^2 M_{12}^2}\right)\dot{I}_{\text{T}} \quad (5\text{-}87)$$

则可以得到接收线圈 1 的负载电阻 R_{L1} 上的输出功率为

$$P_{\text{o1}} = \left|I_1\right|^2 R_{\text{L1}}$$

$$= \left|-\frac{\omega^2 M_{\text{T2}} M_{12} + \mathrm{j}\omega M_{\text{T1}} Z_2}{Z_{\text{T}}(Z_1 Z_2 + \omega^2 M_{12}^2) + \omega^2 M_{\text{T1}}^2 Z_2 + \omega^2 M_{\text{T2}}^2 Z_1 - 2\mathrm{j}\omega^3 M_{\text{T1}} M_{\text{T2}} M_{12}}\right|^2 U_{\text{in}}^2 R_{\text{L1}}$$

$$(5\text{-}88)$$

同样可以得到接收线圈 2 的负载电阻 R_{L2} 上的输出功率为

$$P_{\text{o2}} = \left|I_2\right|^2 R_{\text{L2}}$$

$$= \left|-\frac{\omega^2 M_{\text{T1}} M_{12} + \mathrm{j}\omega M_{\text{T2}} Z_1}{Z_{\text{T}}(Z_1 Z_2 + \omega^2 M_{12}^2) + \omega^2 M_{\text{T1}}^2 Z_2 + \omega^2 M_{\text{T2}}^2 Z_1 - 2\mathrm{j}\omega^3 M_{\text{T1}} M_{\text{T2}} M_{12}}\right|^2 U_{\text{in}}^2 R_{\text{L2}}$$

$$(5\text{-}89)$$

从而系统总的传输功率为 $P_{\text{o}} = P_{\text{o1}} + P_{\text{o2}}$。

由式 (5-87)～式 (5-89)，可以得到两负载多线圈系统的传输效率为

$$\eta = \frac{\left|I_1\right|^2 R_{\text{L1}} + \left|I_2\right|^2 R_{\text{L2}}}{\text{Re}\,(U_{\text{in}} I_{\text{T}})} \times 100\% \quad (5\text{-}90)$$

当接收线圈 1 和接收线圈 2 之间的互感远小于发射线圈和接收线圈 1 或接收线圈 2 之间的互感，可忽略不计，即 $M_{12} = 0$，发射线圈和接收线圈 1、接收线圈 2 均发生谐振，即 $X_{\text{T}} = 0$、$X_1 = 0$ 和 $X_2 = 0$ 时，传输效率为

$$\eta = \frac{\omega^2 M_{\text{T1}}^2 (R_2 + R_{\text{L2}})^2 R_{\text{L1}} + \omega^2 M_{\text{T2}}^2 (R_1 + R_{\text{L1}})^2 R_{\text{L2}}}{(R_1 + R_{\text{L1}})(R_2 + R_{\text{L2}})[R_{\text{T}}(R_1 + R_{\text{L1}})(R_2 + R_{\text{L2}}) + \omega^2 M_{\text{T1}}^2 (R_2 + R_{\text{L2}}) + \omega^2 M_{\text{T2}}^2 (R_1 + R_{\text{L1}})]}$$

$$(5\text{-}91)$$

当发射线圈、接收线圈 1 和接收线圈 2 的参数相同，即 $R_{\text{T}} = R_1 = R_2 = R$，$R_{\text{L1}} = R_{\text{L2}} = R_{\text{L}}$，且接收线圈 1、接收线圈 2 和发射线圈之间的互感相同，即 $M_{\text{T1}} = M_{\text{T2}} = M_{\text{T}}$ 时，式 (5-91) 可表示为

$$\eta = \frac{2\omega^2 M_{\text{T}}^2 R_{\text{L}}}{R(R + R_{\text{L}})^2 + 2\omega^2 M_{\text{T}}^2 (R + R_{\text{L}})} \quad (5\text{-}92)$$

由式(5-92)可知,当线圈内阻忽略不计,即 $R = 0$ 时,系统的传输效率接近 100%。

5.6.2 多负载系统

多负载多线圈谐振无线电能传输系统的等效电路同图 5.13。当只考虑发射线圈和各接收线圈之间的互感,忽略各接收线圈之间的互感时,可根据 KVL 列写多负载多线圈系统的电路方程为

$$
\begin{bmatrix} \dot{U}_{\text{in}} \\ 0 \\ \vdots \\ 0 \end{bmatrix} = \begin{bmatrix} Z_{\text{T}} & j\omega M_{\text{T1}} & \cdots & j\omega M_{\text{T}n} \\ j\omega M_{1\text{T}} & Z_1 & \cdots & 0 \\ \vdots & \vdots & \vdots & \vdots \\ j\omega M_{n\text{T}} & 0 & \cdots & Z_n \end{bmatrix} \begin{bmatrix} \dot{I}_{\text{T}} \\ \dot{I}_1 \\ \vdots \\ \dot{I}_n \end{bmatrix} \tag{5-93}
$$

式中, $M_{\text{T}m} = M_{m\text{T}}(m = 1,2,3,\cdots)$。

求解式(5-93)可得各接收线圈的回路电流同发射线圈的回路电流的关系为

$$
\dot{I}_1 = \frac{j\omega M_{\text{T1}}}{Z_1}\dot{I}_{\text{T}}, \ \dot{I}_2 = \frac{j\omega M_{\text{T2}}}{Z_2}\dot{I}_{\text{T}}, \cdots, \ \dot{I}_n = \frac{j\omega M_{\text{T}n}}{Z_n}\dot{I}_{\text{T}}
$$

从而得到系统总的输出功率为

$$
P_{\text{o}} = \left| I_1 \right|^2 R_{\text{L1}} + \left| I_2 \right|^2 R_{\text{L2}} + \cdots + \left| I_n \right|^2 R_{\text{L}n} \tag{5-94}
$$

以及传输效率为

$$
\eta = \frac{P_{\text{o}}}{P_{\text{in}}} = \frac{\left| I_1 \right|^2 R_{\text{L1}} + \left| I_2 \right|^2 R_{\text{L2}} + \cdots + \left| I_n \right|^2 R_{\text{L}n}}{U_{\text{in}} I_{\text{T}} \cos\theta} \times 100\% \tag{5-95}
$$

5.7 本 章 小 结

谐振无线电能传输是基于能量耦合原理提出的无线电能传输方式,必须满足在近场中运行的工作条件。谐振无线电能传输系统的等效电路与 SS 型感应无线电能传输系统一样,但原理不同,前者是通过发射线圈和接收线圈按电源频率谐振,实现电能的最大效率和功率的无线传输;后者则是采用无功补偿原理提高无线电能的传输特性。因此,描述谐振无线电能传输系统的原理和工作过程一般要采用耦合模方程。目前,采用电路理论建立的谐振无线电能传输系统模型只适合于集中参数系统的分析。综合应用耦合模方程和电路模型,可以对谐振无线电能传输系统进行更加深入的分析。

参 考 文 献

[1] 李玉侠, 王乐新. 大学物理[M]. 北京: 中国农业出版社, 2007.

[2] 胡海云. 大学物理(上)[M]. 第 2 版. 北京: 国防工业出版社, 2011.

[3] 刘红伟, 张波, 黄润鸿, 等. 感应耦合与谐振耦合无线电能传输的比较研究[J]. 电气技术, 2015, 6: 7-13.

[4] 周剑英, 戴密特, 郝寅雷, 等. 圆碟中回音壁模式的耦合条件[J]. 光子学报, 2009, 38(2): 264-267.

[5] Karalis A, Joannopoulos J D, soljačić M. Efficient wireless non-radiative mid-range energy transfer[J].Annals of Physics, 2008, 3(23):34-48.

[6] Hamam R E, Karalis A, Joannopoulos J D, et al. Efficient weakly-radiative wireless energy transfer: An EIT-like approach[J]. Annals of Physics, 2009, 324 (8): 1783-1795.

[7] Stewart W. The power to set you free[J]. Science, 2007, 317 (5834): 55-56.

[8] Hamam R E, Karalis A, Joannopoulos J D, et al. Coupled-mode theory for general free-space resonant scattering of waves[J]. Physical Review A, 2007, 75 (5): 497-500.

[9] Esser A, Skudelny H C. A new approach to power supplies for roborts[J]. IEEE Transaction on Industry Applications, 1991, 27 (5): 871-875.

[10] 傅文珍, 张波, 丘东元. 共振耦合式无线电能传输电路模型及其效率分析[C]. 第二届中国高校电力电子与电力传动学术年会, 杭州, 2008: 43-48.

[11] Ricaño-Herrera, Rodríguez-Torres, Vázquez-Leal, et al. Experiment about wireless energy transfer[C]. Proc.1st International Congress on Instrumentation and Applied Sciences, Cancun, 2010: 1-10.

[12] 张波, 黄润鸿, 丘东元. 磁谐振中距离无线电能传输及关键科学问题[J]. 电源学报, 2015, 13(4): 1-7.

[13] Kurs A, Karalis A, Moffatt R, et al. Wireless power transfer viastrongly coupled magnetic resonances[J]. Science, 2007, 317 (5834): 83-86.

[14] Haus H. Waves and Fields in Optoelectronics[M]. NJ: Prentice-Hall, Englewood Cliffs, 1984.

[15] Koh K E, Beh T C, Imura T, et al. Impedance matching and power division using impedance inverter for wireless power transfer via magnetic resonant coupling[J]. IEEE Transaction on Industry Applications, 2014, 50(3): 2061-2070.

第6章　谐振无线电能传输系统的特性分析

谐振无线电能传输系统的特性主要包括传输特性与频率分裂特性，传输特性具体为输出功率、传输效率和传输距离，它们都是系统参数设计的基础。本章采用耦合模方程与电路模型相结合的分析方法，以单负载两线圈谐振无线电能传输系统为主，分别对不同运行条件下的系统特性进行了阐述。对于频率分裂特性，本章将其与感应无线电能传输系统的频率分岔特性进行了比较。

6.1　传　输　特　性

6.1.1　传输功率

对于单负载两线圈谐振无线电能传输系统而言，其输入功率可表示成电路中所有电阻消耗的功率之和，而输出功率则为负载电阻吸收的功率，根据 5.2 节中电阻消耗的功率分析，可知该系统的输入功率和输出功率分别为

$$P_{\mathrm{in}} = 2\varGamma_{\mathrm{T}}\left|a_{\mathrm{T}}\right|^2 + 2(\varGamma_{\mathrm{R}} + \varGamma_{\mathrm{L}})\left|a_{\mathrm{R}}\right|^2 \tag{6-1}$$

$$P_{\mathrm{o}} = 2\varGamma_{\mathrm{L}}\left|a_{\mathrm{R}}\right|^2 \tag{6-2}$$

将式(5-48)代入式(6-1)和式(6-2)，可具体计算出谐振情况下系统的输入功率和输出功率。特别是当发射线圈和接收线圈参数相同，即 $\omega_{\mathrm{T}}=\omega_{\mathrm{R}}=\omega_0=\omega$，$\varGamma_{\mathrm{T}}=\varGamma_{\mathrm{R}}=\varGamma$ 时，输入功率和输出功率可表示成

$$P_{\mathrm{in}} = \frac{2(\varGamma + \varGamma_{\mathrm{L}})F^2}{\kappa^2 + \varGamma(\varGamma + \varGamma_{\mathrm{L}})} = \frac{2F^2}{\dfrac{\kappa^2}{\varGamma + \varGamma_{\mathrm{L}}} + \varGamma}$$

$$P_{\mathrm{o}} = \frac{2\kappa^2 \varGamma_{\mathrm{L}} F^2}{[\kappa^2 + \varGamma(\varGamma + \varGamma_{\mathrm{L}})]^2} = \frac{2\dfrac{\kappa^2 F^2}{\varGamma^2}}{\left(\dfrac{\kappa^2}{\varGamma} + \varGamma + \varGamma_{\mathrm{L}}\right)^2}\varGamma_{\mathrm{L}} \tag{6-3}$$

由式(6-3)可见，此时系统的输入功率与电源幅值的平方成正比，与等效负载

电阻和线圈等效内阻成反比；输出功率与接收线圈电流的平方成正比，与负载电阻成正比。若线圈等效内阻小到可以忽略时，输入功率和输出功率可进一步变为

$$P_{\mathrm{in}} = \dfrac{2F^2}{\dfrac{\kappa^2}{\varGamma_{\mathrm{L}}}}$$

$$P_{\mathrm{o}} = \dfrac{2F^2}{\kappa^2}\varGamma_{\mathrm{L}} \tag{6-4}$$

对比式 (5-61) 可见，式 (6-3) 与电路模型得出的输入功率和输出功率的表达式一致。

6.1.2　传输效率

由式 (6-1) 和式 (6-2) 可以得出两线圈谐振无线电能传输系统的传输效率为

$$\eta = \dfrac{\varGamma_{\mathrm{L}}\,|\,a_{\mathrm{R}}\,|^2}{\varGamma_{\mathrm{T}}\,|\,a_{\mathrm{T}}\,|^2 + (\varGamma_{\mathrm{R}} + \varGamma_{\mathrm{L}})\,|\,a_{\mathrm{R}}\,|^2}$$

$$= \dfrac{\varGamma_{\mathrm{L}}\kappa^2}{\varGamma_{\mathrm{T}}[(\varGamma_{\mathrm{R}} + \varGamma_{\mathrm{L}})^2 + (\omega - \omega_{\mathrm{R}})^2] + (\varGamma_{\mathrm{R}} + \varGamma_{\mathrm{L}})\kappa^2} \tag{6-5}$$

代入谐振频率条件，即 $\omega = \omega_{\mathrm{R}}$，有

$$\eta = \dfrac{\varGamma_{\mathrm{L}}\kappa^2}{(\varGamma_{\mathrm{R}} + \varGamma_{\mathrm{L}})[\varGamma_{\mathrm{T}}(\varGamma_{\mathrm{R}} + \varGamma_{\mathrm{L}}) + \kappa^2]} \tag{6-6}$$

可以分两种情况对式 (6-6) 进行讨论。

1) 考虑阻抗匹配的最大传输效率

式 (6-6) 可以改写为

$$\eta = \dfrac{\dfrac{\varGamma_{\mathrm{L}}}{\varGamma_{\mathrm{R}}}\dfrac{\kappa^2}{\varGamma_{\mathrm{T}}\varGamma_{\mathrm{R}}}}{\left(1 + \dfrac{\varGamma_{\mathrm{L}}}{\varGamma_{\mathrm{R}}}\right)\dfrac{\kappa^2}{\varGamma_{\mathrm{T}}\varGamma_{\mathrm{R}}} + \left(1 + \dfrac{\varGamma_{\mathrm{L}}}{\varGamma_{\mathrm{R}}}\right)^2} \tag{6-7}$$

将式 (6-7) 对 $\varGamma_{\mathrm{L}}/\varGamma_{\mathrm{R}}$ 求导，可得，当 $\varGamma_{\mathrm{L}}/\varGamma_{\mathrm{R}} = [1 + \kappa^2/(\varGamma_{\mathrm{T}}\varGamma_{\mathrm{R}})]^{1/2}$，即阻抗匹配时，传输效率最大，即

$$\eta_{\max} = \frac{\sqrt{1+\varDelta^2}-1}{\sqrt{1+\varDelta^2}+1} \tag{6-8}$$

其中

$$\varDelta = \frac{\kappa}{\sqrt{\varGamma_T \varGamma_R}} \tag{6-9}$$

显然，最大传输效率只与 $\varDelta$ 有关，$\varDelta$ 是一个与耦合系数有关的变量，提高传输效率的关键在于使 $\varDelta \gg 1$，即所谓的强耦合条件[1]，典型值范围为 $1\sim50$，图 6.1 为不同 $\varDelta$ 时的最大传输效率曲线。

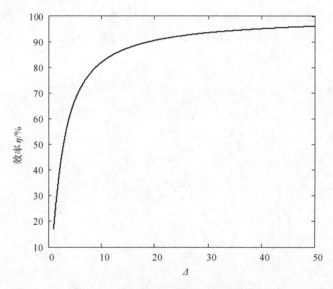

图 6.1　不同 $\varDelta$ 情况下的最大传输效率

对比电路模型，把参数 $\varGamma_T = R_T/(2L_T)$、$\varGamma_R = R_R/(2L_R)$、$\varGamma_L = R_L/(2L_R)$ 和 $\kappa = \omega M/[2(L_T L_R)^{1/2}]$ 代入式(6-6)，得到的效率表达式与式(5-59)的效率表达式一致。

2) 考虑最大功率输出的效率

将式(5-48)代入式(6-2)，可得系统谐振时的输出功率为

$$P_o = 2\varGamma_L |a_R|^2 = \frac{2\kappa^2 \varGamma_L F^2}{[\kappa^2 + \varGamma_T(\varGamma_R + \varGamma_L)]^2} = \frac{2\kappa^2 \dfrac{\varGamma_L}{\varGamma_R} F^2 \varGamma_R}{[\kappa^2 + \varGamma_T \varGamma_R \left(1 + \dfrac{\varGamma_L}{\varGamma_R}\right)]^2} \tag{6-10}$$

对式 (6-10) 关于 Γ_L/Γ_R 求导,可得,当 $\Gamma_L/\Gamma_R = 1 + \kappa^2/(\Gamma_T\Gamma_R)$,即 $R_L = R_R + \omega^2 M^2/R_T$ 时,最大输出功率为

$$P_o = \frac{\kappa^2 F^2}{2\Gamma_T(\kappa^2 + \Gamma_T\Gamma_R)} \tag{6-11}$$

则传输效率为

$$\eta = \frac{1}{2\left(\dfrac{2\Gamma_T\Gamma_R}{\kappa^2} + 1\right)} \tag{6-12}$$

式 (6-12) 对应的效率曲线如图 6.2 所示。从图中可见,在谐振无线电能传输系统输出功率最大的情况下,传输效率最大只能在 50%以下。

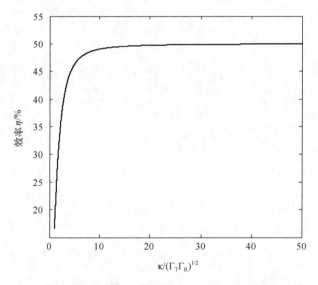

图 6.2　不同最大输出功率时的效率曲线

6.1.3　传输距离

传输距离与互感、谐振频率和负载密切相关,因此。分析互感、谐振频率和负载对谐振无线电能传输系统的输出功率和传输效率的影响,可以间接地说明系统的传输范围。假设发射线圈和接收线圈的参数一致,即 $\omega_T = \omega_R = \omega_o = \omega$,$\Gamma_T = \Gamma_R = \Gamma$。采用电路模型,根据式 (5-59) 与式 (5-61),输出功率和传输效率可表示为

$$P_o = \frac{R_L U_{in}^2}{\left[\dfrac{R_T(R_R + R_L)}{\omega M} + \omega M \right]^2} \tag{6-13}$$

$$\eta = \frac{R_L}{\dfrac{R_T(R_R + R_L)^2}{(\omega M)^2} + R_R + R_L} \times 100\% \tag{6-14}$$

1) 互感、谐振频率的影响

在谐振角频率 ω 不变的情况下，根据式(6-13)，对互感 M 求导，即令

$$\frac{dP_o}{dM} = 0 \tag{6-15}$$

可以得到最大输出功率的互感 M 为

$$M = \frac{\sqrt{R_T(R_R + R_L)}}{\omega} \tag{6-16}$$

此时的最大输出功率为

$$P_o = \frac{R_L U_{in}^2}{4R_T(R_R + R_L)} \tag{6-17}$$

最大输出功率的存在，说明随着互感 M 从小到大变化时，输出功率呈现出由小到大、再由大到小的变化趋势。由于互感大对应着传输距离近，反之，互感小对应着传输距离远。因而说明谐振无线电能传输不是互感小时即距离远时输出功率小，也不是互感大时即距离近时输出功率大，而是在某一确定互感值，即在一定的传输距离时，输出功率最大。从而间接说明谐振无线电能传输系统的传输距离不仅仅取决于互感的大小，因此能够传输更远的距离。

进一步分析式(6-15)还可以发现，当发射线圈和接收线圈的内阻很小，以至可以忽略时，传输效率接近于 1，即对于谐振无线电能传输系统，可以通过减小内阻实现高效的无线电能传输。

2) 负载的影响

假设 ω 和 M 均恒定不变，对式(6-15)关于负载电阻 R_L 求导，即令

$$\frac{d\eta}{dR_L} = 0 \tag{6-18}$$

可以得到最大传输效率的电阻为

$$R_L = \frac{R_R(R_T R_R + \omega^2 M^2)}{R_T} \qquad (6\text{-}19)$$

发射线圈和接收线圈参数一致，即 $R_T = R_R = R$ 时，相应的最大效率为

$$\eta = \frac{R_L - R}{R_L + R} \qquad (6\text{-}20)$$

由式(6-20)可知，当负载与线圈内阻相比较大，即 $R_L \gg R$ 时，传输效率可接近 100%。进一步分析式(6-19)，发现当 $\omega M \gg R$ 时，有 $R_L^2 \approx (\omega M)^2$，说明可以通过控制 ω，在互感 M 小、距离远的情况下，只要满足 $R_L^2 \approx (\omega M)^2$，就可以实现高效无线电能传输，这也是与感应无线电能传输系统的不同之处。

以上分析表明，谐振无线电能传输系统对工作频率的要求非常高，必须满足功率源的频率与发射线圈和接收线圈的固有谐振频率一致，即保证线圈处于谐振状态，无线电能传输的效率才能最大，且通过控制谐振频率的大小，可以提高无线电能传输的距离。然而在实际运行时，由于地磁场、发射线圈和接收线圈周围环境物等的干扰，线圈固有谐振频率极易发生变化，出现失谐现象，影响谐振无线电能传输系统的特性。

6.2 频率分裂

6.2.1 概念

频率分裂(frequency splitting)是指谐振无线电能传输系统在耦合系数 κ 较大时，输出功率出现多个峰值的现象。对于两线圈谐振无线电能传输系统，将式(5-48)代入式(6-2)，可以发现对输出功率关于 ω 的求导是 ω 的一个三次方函数，有

$$\frac{\mathrm{d}P_o}{\mathrm{d}\omega} = f(\omega^3, \kappa) = 0 \qquad (6\text{-}21)$$

式(6-22)表明，两线圈谐振无线电能传输系统的输出功率有三个极值点，如图 6.3 所示，存在两个波峰和一个波谷，在系统固有谐振频率处输出功率下降，出现波谷；在固有谐振频率两侧对称出现两个峰值输出功率。究其原因在于当耦合系数 κ 较大时，对应于接收线圈反射到发射线圈的等效阻抗变大，且系统输入阻抗为非纯电阻，导致系统出现三个谐振频率。为避免谐振频率处输出功率下降，必须防止频率分裂现象的出现。

对于多线圈谐振无线电能传输系统，也可以得到随频率变化的输出功率的多个峰值。

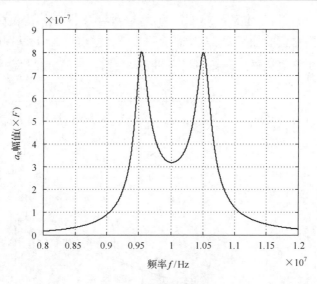

图 6.3　频率分裂现象

6.2.2　影响因素

由于式(6-21)较为复杂，为量化分析频率分裂现象，可以采用电路模型分析互感耦合系数对频率分裂的影响。

定义

$$\rho^2 = \frac{P_o}{P_{in\,max}} = \frac{U_L^2 / R_L}{U_{in}^2 / 4R_T} \tag{6-22}$$

式中，$P_{in\,max} = \dfrac{U_{in}^2}{4R_T}$ 为阻抗匹配时的最大输出功率；U_L 为负载电阻 R_L 上的电压。

根据式(5-53)两线圈谐振无线电能传输系统的电路模型，可解得负载电压 $\dot{U}_L$ 为

$$\dot{U}_L = \frac{j\omega k_M \sqrt{L_T L_R}\, R_L \dot{U}_{in}}{Z_T Z_R + \omega^2 k_M^2 L_T L_R} \tag{6-23}$$

式中，$k_M = \dfrac{M}{\sqrt{L_T L_R}}$ 为互感耦合系数。

当系统谐振时，根据式(6-23)，对有效值 U_L 关于 k_M 求导，并令导数为零，可得临界互感耦合系数为

$$k_{MC} = \sqrt{\frac{R_T(R_R + R_L)}{\omega^2 L_T L_R}} \tag{6-24}$$

根据式(6-24)，可以定义 $k_M > k_{MC}$ 为过耦合区；$k_M < k_{MC}$ 为欠耦合区。图 6.4 为峰值输出功率对应的频率 f 与互感耦合系数 k_M 之间的关系，从图中可见，过耦合时，出现两个峰值频率点；临界耦合和欠耦合时，只有一个峰值频率点。

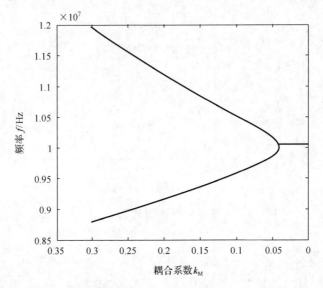

图 6.4　频率 f 与互感耦合系数 k_M 的关系

若将 U_L 代入式(6-22)，可以得到图 6.5 所示的 ρ 与互感耦合系数 k_M 的关系曲线，图中实线表示电源频率固定不变的情况；虚线表示电源频率跟随其中一个峰

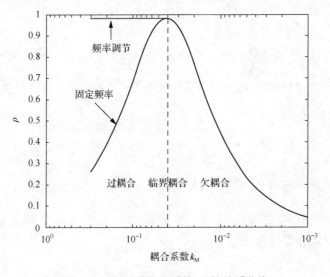

图 6.5　ρ 与互感耦合系数 k_M 的关系曲线

值功率对应的频率的情况。由图中可以看出，在过耦合区域，当固定频率时，由于频率分裂现象，谐振无线电能传输系统的输出功率降低；当频率跟随峰值功率对应的频率变化时，输出功率基本保持恒定，并且维持在最大值的水平。两种情况下，在欠耦合区域，由于输出功率主要取决于阻抗匹配情况，均是急剧下降。

由于互感耦合系数 k_M 还是距离 D 的函数[2~4]，即

$$k_M \approx \frac{1}{2(D/\sqrt{r_1 r_2})^3} \qquad D \gg r_1, \ D \gg r_2 \qquad (6\text{-}25)$$

式中，r_1 和 r_2 分别为发射线圈和接收线圈的平均半径。因此，k_{MC} 有一个临界距离 D_{MC} 与其相对应，对比式 (6-24) 和式 (6-25)，还表明 D_{MC} 对应一个临界频率，临界频率越大，传输距离越远。

同理，对于单负载四线圈谐振无线电能传输系统，参见图 5.10，假设源线圈 S 和负载线圈 D 的参数一致，发射线圈 T 和接收线圈 R 的参数一致，且源线圈 S 和发射线圈 T 之间、接收线圈 R 和负载线圈 D 之间的耦合系数相等，可以得到发射线圈和接收线圈间的临界互感耦合系数为[4, 5]

$$k_{MC} = \frac{1}{Q_{coil}} + K_{cl}^2 Q_{loop} \qquad (6\text{-}26)$$

式中，Q_{coil} 为发射线圈 T 和接收线圈 R 的回路品质因数，即 $Q_T = Q_R = Q_{coil}$；Q_{loop} 为源线圈 S 和负载线圈 D 的回路品质因数，即 $Q_S = Q_D = Q_{loop}$；K_{cl} 为源线圈 S 和发射线圈 T 之间或接收线圈 R 和负载线圈 D 之间的互感耦合系数，即 $k_{MST} = k_{MRD} = K_{cl}$。

根据式 (5-62)，可解得对应的负载电压为

$$\dot{U}_L = \frac{j\omega^3 k_{ST} k_{TR} k_{RD} L_T L_R \sqrt{L_S L_D} R_L \dot{U}_{in}}{k_{ST}^2 k_{RD}^2 L_S L_T L_R L_D \omega^4 + Z_S Z_T Z_R Z_D + \omega^2 (k_{ST}^2 L_S L_T Z_R Z_D + k_{TR}^2 L_T L_R Z_S Z_D + k_{RD}^2 L_R L_D Z_S Z_T)}$$

$$(6\text{-}27)$$

则单负载四线圈谐振无线电能传输系统的 ρ 与互感耦合系数 k_M、频率 f 的关系曲线如图 6.6 所示。

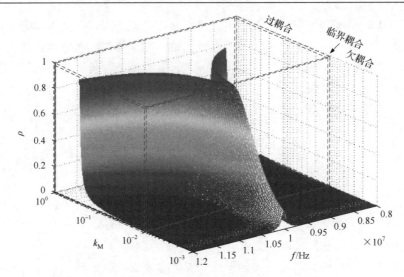

图 6.6　单负载四线圈谐振无线电能传输系统的 ρ、k_{M}、f 的关系

对于多线圈谐振无线电能传输系统，可以参照以上方法进行分析。

6.2.3　频率分裂与频率分岔的区别

在第 3 章感应无线电能传输系统的特性分析中，分析了频率分岔现象。感应无线电能传输系统的频率分岔现象是指系统等效输入阻抗为纯电阻时，角频率存在多值的现象。为了进一步分析，本节对频率分裂与频率分岔现象的异同点进行阐述。

对于 SS 型感应无线电能传输系统，式 (3-109)～式 (3-111) 是系统的 1 个谐振频率和 2 个分岔频率；对于两线圈谐振无线电能传输系统，由式 (6-22) 和式 (6-23) 可以求得对应峰值输出功率的 1 个谐振频率和 2 个分裂频率。显然，谐振无线电能传输系统只有谐振频率点与感应无线电能传输系统是相同的，其分裂频率是对应于谐振无线电能传输系统的负载峰值功率，不同于分岔频率是对应于感应无线电能传输系统的输入阻抗为纯电阻情况。

假设在相同电压幅值的供电电源情况下，也即 U_{in} 一样时，感应无线电能传输系统运行在分岔频率，由于输入阻抗为纯电阻，电源只提供有功功率，传输到接收线圈的最大有功功率受到电路阻抗匹配原理的限制，负载功率将小于 $\dfrac{U_{\mathrm{in}}^2}{4R_{\mathrm{T}}}$；而谐振无线电能传输系统运行在分裂频率时，参见式 (2-26)，输入阻抗为容性阻抗或感性阻抗，电源不仅提供有功功率，还提供无功功率，根据式 (3-107)，负载功率将小于 $\left|\dfrac{\dot{U}_{\mathrm{in}}}{Z_{\mathrm{in}}}\right|^2 \mathrm{Re}(Z_{\mathrm{in}})$。

对比 $\dfrac{U_{in}^2}{4R_T}$ 和 $\left|\dfrac{\dot{U}_{in}}{Z_{in}}\right|^2 Re(Z_{in})$，两者大小不同，仅当满足一定参数的情况下，它们大小接近时，分裂频率与分岔频率才接近。

6.3　本　章　小　结

(1)给出了谐振无线电能传输系统的输出功率和传输效率的一般式。当考虑阻抗匹配时，谐振运行时具有最大效率；当考虑最大功率输出时，最大传输效率只有 50%。

(2)谐振无线电能传输系统的传输距离，并不是互感越大输出功率就越大，而是在互感取一定值时，输出功率最大，因此，与感应无线电能传输的原理不同，谐振无线电能传输系统的传输距离取决于互感、谐振频率和负载以及发射线圈和接收线圈的参数，因而能传输更远的距离。

(3)频率分裂是谐振无线电能传输系统的固有现象，反映出当耦合系数 κ 较大时，最大输出功率反而下降。根据互感耦合系数，可以将系统分为过耦合区、临界耦合点和欠耦合区，频率分裂发生在过耦合区。分裂频率点对应的输出功率最大，因此可以通过频率控制提高系统的电能传输能力。

(4)频率分裂与感应无线电能传输系统的频率分岔不同，前者是指耦合系数 κ 较大时，随着频率的变化，系统输出功率出现多个峰值的现象；后者是指系统等效输入阻抗为纯电阻时，频率存在多值的现象。

(5)谐振无线电能传输系统对工作频率的要求非常高，当线圈固有谐振频率发生变化，出现失谐现象时，将影响谐振无线电能传输系统的性能。因此在实际运行时，必须控制功率源的频率与发射线圈和接收线圈的固有谐振频率一致。

参 考 文 献

[1] Kurs A,Karalis A, Moffatt R, et al. Wireless power transfer via strongly coupled magnetic resonances[J]. Science, 2007, 317(5834): 83-86.

[2] Mur-Miranda J O, Fanti G, Feng Y, et al. Wireless power transfer using weakly coupled magnetostatic resonators[C]. Proceedings of IEEE Energy Conversion Congress and Exposition, Atlanta, GA, 2010: 4179-4186.

[3] Hui S Y R, Zhong W, Lee C K. A critical review of recent progress in mid-range wireless power transfer[J]. IEEE Transactions on Power Electronics, 2014, 29(9): 4500-4511.

[4] Huang R H, Zhang B, Qiu D Y, et al. Frequency splitting phenomena of magnetic resonant coupling wireless power transfer[J]. IEEE Transactions on Magnetics, 2014, 50(11): 1-4.

[5] Sample A P, Meyer D A, Smith J R. Analysis, experimental results and range adaptation of magnetically coupled resonators for wireless power transfer[J]. IEEE Transactions on Industrial Electronics, 2011, 58(2): 544-554.

第7章　谐振无线电能传输系统的设计

根据第 5～6 章谐振无线电能传输系统的原理和传输特性分析，本章将介绍谐振无线电能传输系统的设计过程和方法，具体将分别介绍四线圈谐振无线电能传输系统、频率跟踪式谐振无线电能传输系统和多负载谐振无线电能传输系统的设计。四线圈谐振无线电能传输系统与麻省理工学院的学者提出的系统结构相同，但采用不同的驱动电源；频率跟踪式谐振无线电能传输系统则针对系统频率失谐的问题，论述具有谐振频率闭环控制的系统设计；多负载谐振无线电能传输系统是未来的发展方向，因此，对其设计思路和设计方式进行了分析。

7.1　四线圈谐振无线电能传输系统的设计

7.1.1　系统结构

四线圈谐振无线电能传输系统的结构如图 7.1 所示，主要包括 3 个部分，分别是高频功率放大电路、高频变压器和谐振耦合线圈电路。高频功率放大电路包括高频驱动电路(10MHz 正弦波驱动信号)、开关管直流偏置电路和功率放大电路；谐振耦合线圈电路包括源线圈、发射线圈、接收线圈、负载线圈和负载。

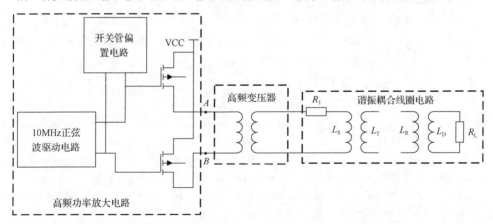

图 7.1　四线圈谐振无线电能传输系统结构

7.1.2　高频功率放大电路设计

由于系统工作频率为 10MHz，频率较高，因此采用场效应双管推挽式功率放大电路作为供电电源，如图 7.2 所示。该电路的工作原理如下：具有两路输出且极性相反的高频小信号变压器 T_1，将 10MHz 正弦波信号分为互补的两路电压信号 V_{i1} 和 V_{i2}，两个 N 型场效应管 Q_1 和 Q_2 放大 V_{i1} 和 V_{i2}，形成 10MHz 的交流电输入到高频变压器 T_2，等效电路的工作过程及主要波形如图 7.3 所示。

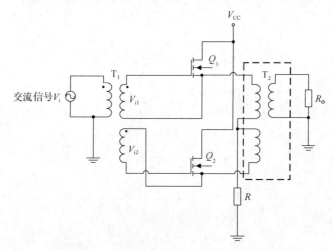

图 7.2　场效应双管推挽式功率放大电路

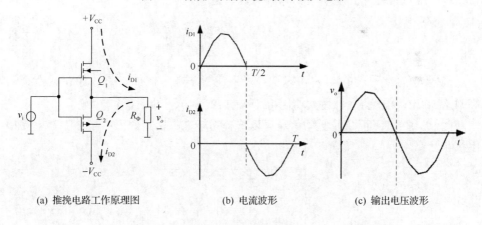

(a) 推挽电路工作原理图　　　　(b) 电流波形　　　　(c) 输出电压波形

图 7.3　场效应双管推挽式功率放大电路工作原理及波形

参见图 7.3，场效应双管推挽式功率放大电路的主要参数如下[1]。

1) 额定输出功率 P_o

场效应双管推挽式功率放大器的额定输出功率为

$$P_o = V_o I_o = \frac{V_{om}^2}{2R_\Phi} \tag{7-1}$$

式中，V_o、I_o 和 V_{om} 分别为输出电压、输出电流的有效值和输出电压的最大值；V_{CC} 为直流供电电压；R_Φ 为等效负载。

2) 管耗 P_T

考虑到场效应双管 Q_1 和 Q_2 在一个信号周期内各导电约 180°，互补工作，管耗为

$$P_T = 2P_{T1} = \frac{2}{R_\Phi}\left(\frac{V_{CC}V_{om}}{\pi} - \frac{V_{om}^2}{4}\right) \tag{7-2}$$

式中，P_{T1} 为单个场效应管的损耗。一般情况，单个最大管耗为 $P_{T1m} \approx 0.2P_{om}$。

3) 电源功率 P_V

直流电源功率为

$$P_V = P_o + P_T = \frac{2}{\pi} \cdot \frac{V_{CC}V_{om}}{R_\Phi} \tag{7-3}$$

4) 效率 η

场效应双管推挽式功率放大电路的效率为

$$\eta = \frac{P_o}{P_V} = \frac{\pi}{4} \cdot \frac{V_{om}}{V_{CC}} \tag{7-4}$$

根据式(7-1)～式(7-4)，可以选择场效应管参数，例如，$P_o = 10W$，选择最高耐压 500V，电流 8A，最大功耗 125W 的 IRF840 场效应管。

此外，10MHz 正弦波驱动信号可以选择考毕兹振荡电路，考毕兹振荡电路如图 7.4 所示。

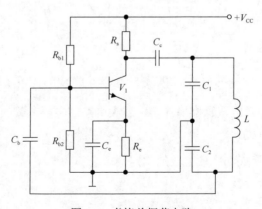

图 7.4　考毕兹振荡电路

考毕兹振荡电路的振荡频率为

$$f = \frac{1}{2\pi\sqrt{\dfrac{LC_1C_2}{C_1+C_2}}} \tag{7-5}$$

实际使用时，通常取 $C_1=C_2$，例如，设计振荡频率为 10MHz，可取 $L=5\mu H$、$C_1=C_2=100pF$。

7.1.3　高频变压器设计

对于工作频率为 10MHz 的高频变压器，磁芯材料的选择需满足高磁导率、小矫顽力 H_c、狭窄的磁滞回线、高电阻率 ρ 和较高的饱和磁感应强度 B_S 等要求，因此，可以选取镍锌铁氧体作为高频变压器的磁芯材料。

高频变压器的主要参数有

(1)磁芯磁阻

$$R_m = \frac{1}{\mu}\cdot\sum\frac{l}{A} = \frac{l_e}{\mu_e A_e} \tag{7-6}$$

式中，A_e 为非均匀截面磁芯的有效截面；l_e 为磁芯有效长度；μ_e 为磁芯的有效磁导率。

(2)磁芯电感

$$L = \frac{N_e^2}{R_m} = \frac{4\pi\times10^{-7}\mu_e N_e^2 A_e}{l_e} \tag{7-7}$$

式中，N_e 为高频变压器线圈匝数。

根据式(7-6)和式(7-7)，选用镍锌铁氧体磁环 NXO-100(μ_e=100)，并根据式(7-1)～式(7-4)确定变压器的尺寸参数外径 D_e、内径 d_e、高度 h_e 分别为 29mm、22mm、11mm，则可计算得到

非均匀截面磁芯的有效截面为

$$A_e = \frac{1}{2}(D_e - d_e)h_e = 3.5\times11 = 38.5\text{mm}^2$$

磁芯有效长度为

$$l_e = \pi D_e = 3.14\times29 = 91.6\text{mm}$$

磁芯有效体积为

$$V_e = \frac{\pi}{4}(D_e^2 - d_e^2)\cdot h_e = \frac{\pi}{4}(29^2 - 22^2)\times11 = 3445.4\text{mm}^3$$

磁芯磁阻为

$$R_{\mathrm{m}} = \frac{l_{\mathrm{e}}}{\mu_{\mathrm{e}} A_{\mathrm{e}}} = \frac{91.6}{100 \times 38.5} = 0.024\Omega$$

为确保磁芯在场效应管导通期间工作在线性区，不出现饱和，变压器原边匝数可由下式确定，即

$$V_{\mathrm{CC}} = E = N_{\mathrm{P}} A_{\mathrm{e}} \frac{\mathrm{d}B_{\mathrm{m}}}{\mathrm{d}t} \times 10^{-8} \tag{7-8}$$

式中，E 为高频变压器感应电压；B_{m} 为高频变压器磁感应强度；N_{P} 为变压器原边匝数。

根据式(7-8)可得变压器原边线圈的匝数 N_{P}=13.2，取 N_{P}=14。按照功率放大电路负载匹配原理，一般取原、副边匝数比为 3:1，则副边匝数为 14/3≈5 匝。

7.1.4　发射线圈和接收线圈参数设计

发射线圈和接收线圈采用空芯线圈结构，高频下损耗电阻主要包括欧姆损耗电阻 R_{o} 和辐射损耗电阻 R_{r}[2]，分别为

$$R_{\mathrm{o}} = \sqrt{\frac{\omega \mu_0}{2\sigma}} \frac{l}{2\pi a} = \sqrt{\frac{\omega \mu_0}{2\sigma}} \frac{Nr}{a} \tag{7-9}$$

$$R_{\mathrm{r}} = \sqrt{\frac{\mu_0}{\varepsilon_0}} \left[\frac{\pi}{12} N^2 \left(\frac{\omega r}{c} \right)^4 + \frac{2}{3\pi^3} \left(\frac{\omega h}{c} \right)^2 \right] \tag{7-10}$$

式中，μ_0 为空间磁导率；a 为导线半径；r 为线圈的平均半径；N 为线圈匝数；σ 为电导率；l 为导线长度；ε_0 为真空介电常数；h 为线圈宽度；c 为光速。

线圈自感 L 可以通过完全椭圆积分公式计算[3, 4]，即

$$L = \mu_0 N^2 \frac{\sqrt{r_1 r}}{b} [(2 - b^2) K(b) - 2E(b)] \tag{7-11}$$

其中

$$b = \sqrt{\frac{4r_1 r}{(r_1 + r)^2}} \tag{7-12}$$

式中，r_1 为线圈的内半径；$K(b)$ 为第一类完全椭圆积分；$E(b)$ 为第二类完全椭圆积分。

两线圈之间的互感为[3~5]

$$M = \mu_0 \frac{\sqrt{r_{\mathrm{T}} r_{\mathrm{R}}}}{b} N_{\mathrm{T}} N_{\mathrm{R}} [(2 - b^2) K(b) - 2E(b)] \tag{7-13}$$

其中

$$b = \sqrt{\frac{4 r_T r_R}{(r_T + r_R)^2 + D^2}} \qquad (7\text{-}14)$$

式 (7-13) 与式 (7-14) 中，r_T 为发射线圈的平均半径；r_R 为接收线圈的平均半径；N_T、N_P 分别为发射线圈和接收线圈的匝数；D 为两线圈中心之间的距离。

式 (7-13) 仅适用于同轴的两空芯线圈。两个不同轴的多匝空芯线圈之间的互感系数为[6]

$$M_1 = \mu_0 \pi r_T r_R N_T N_P \int_0^\infty J_0(sp) J_1(s r_T) J_1(s r_R) \mathrm{e}^{-sh} \mathrm{d}s \qquad (7\text{-}15)$$

式中，$J_m(k)$ 为第 m 类贝塞尔函数。

当发射线圈和接收线圈的参数一致，即 $N_T = N_R = N$，$r_T = r_R = r$，且满足 $r \ll D \ll \lambda$（λ 为工作频率波长）以及同轴放置时，两线圈之间的互感 M 为[3,7]

$$M \approx \frac{\pi}{2} \cdot \frac{\mu_0 r^4 N}{D^3} \qquad (7\text{-}16)$$

且根据第五章谐振时的效率表达式，以及式 (7-9)～式 (7-16)，可设计发射线圈和接收线圈的尺寸参数为：$a = 0.15\,\mathrm{mm}$，$r = 21\,\mathrm{mm}$，$N = 41$，$h = 13\,\mathrm{mm}$。

图 7.5 为谐振频率为 10 MHz 时，系统传输效率 η 与距离 D、负载电阻 R_L 之间的关系曲线。

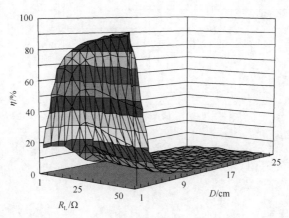

图 7.5 系统传输效率 η 与距离 D、负载电阻 R_L 的关系曲线

7.1.5 仿真和实验

1. 高频功率放大电路

图 7.6 为对应于图 7.2 的仿真电路，主要参数如下：$V_{CC} = 20\mathrm{V}$，$R_\Phi = R_{10} = 10\Omega$，

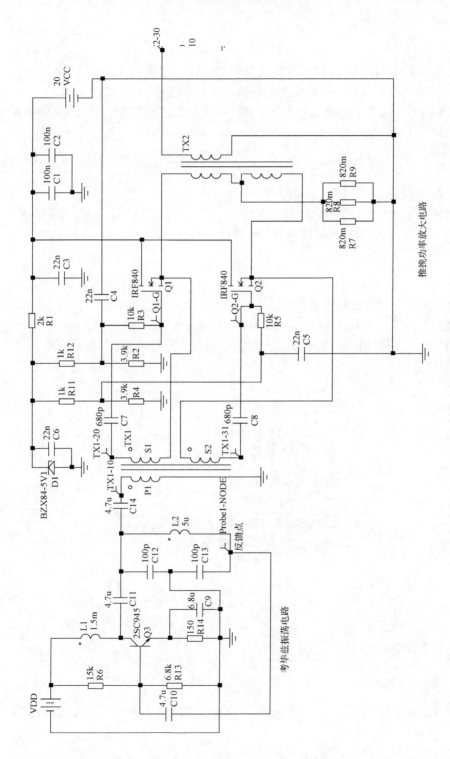

图7.6 高频功率放大电路仿真电路

高频信号变压器 T_1 和高频变压器 T_2 均用理想变压器代替，其原、副边匝数比均为 3：1；10MHz 考毕兹振荡电路用 NPN 管 2SC945（50V，0.1A，250mW）模型；推挽功率放大管用 IRF840 的模型，其他电路的具体参数（如三极管 2SC945 及 IRF840 的偏置电路）见图中标注。

图 7.7 为考毕兹高频振荡电路输出的 10MHz 正弦波电压信号；图 7.8 为场效应双管推挽式功率放大电路的输出电压波形。从图中可见，仿真结果与理论分析一致。

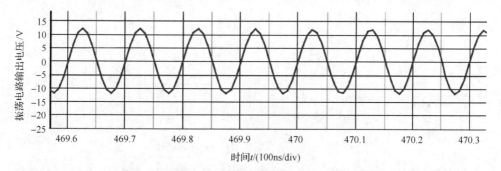

图 7.7　考毕兹振荡电路输出电压仿真波形（V_{DD}=12V）

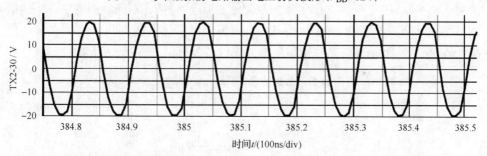

图 7.8　场效应双管推挽式功率放大电路仿真波形（V_{CC}=20V，R_Φ=10Ω）

2. 四线圈谐振无线电能传输系统

基于图 7.6 的高频功率放大电路，构造图 7.1 所示的四线圈谐振无线电能传输系统实验电路，高频变压器 T_2、发射线圈和接收线圈参数见 7.1.3 节和 7.1.4 节，高频功率放大电路中的高频变压器 T_1 采用与 T_2 相同的材料，由于仅作为隔离作用，尺寸参数设计为 18mm、7mm 和 5mm（外径、内径和高度）。

图 7.1 中高频采样电阻 R_1＝0.27Ω；源线圈和负载线圈均取 L_S＝L_D＝5 μH，是直径为 4cm 的单匝空芯线圈；为实现负载匹配，取负载线圈电阻 R_L＝10Ω。图 7.9（a）为考毕兹振荡电路输出标准 10MHz 正弦波信号的实验波形；图 7.9（b）为输入到源线圈的电压和采样电阻上的电压，它们之间的相位相差 85.67°，由于采样电阻上的电压正比于输入到源线圈的电流，可以计算得到出源线圈上的输入功率为

$$P_S = U_{AB} I_{R1} \cos\theta - P_{R1} = 43.6 \times 1.03 / 0.27 \times \cos(85.67°) - 1.03^2 / 0.27 = 8.63\text{W}$$

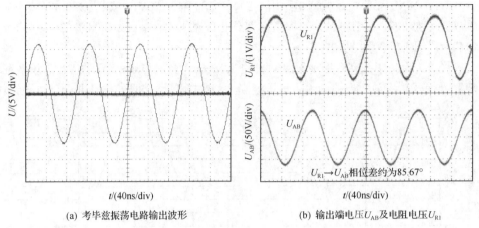

(a) 考毕兹振荡电路输出波形　　　　　　(b) 输出端电压 U_{AB} 及电阻电压 U_{R1}

图 7.9　高频功率放大电路各测试点电压

P_S 谐振耦合到发射线圈 L_T 上，由于近距离耦合效率高，可视为等于发射线圈的输入功率。表 7.1 分别列出了不同线圈匝数 $N_T = N_R = N$、不同线圈宽度 h 下的线圈自感值和谐振电容值，可以看出，自谐振频率随之发生变化，其中在设计值 $N_T = N_R = 41$、$h = 13\text{mm}$ 时，自谐振频率为 10.117 MHz，达到设计要求。

表 7.1　不同匝数下线圈的分布参数 ($a = 0.15\,\text{mm}$, $r = 21\,\text{mm}$)

匝数	线圈宽度/mm	自感/μH	自分布电容/pF	自谐振频率/MHz
39	13	80.984	2.325	11.604
41	13	98.432	2.495	10.117
45	14	108.082	2.435	9.810
50	16	125.220	2.313	9.351
60	19	165.373	2.180	8.382

图 7.10 为 $D = 5\,\text{cm}$ 时线圈从不谐振到谐振时的负载输出电压，从图中可见，将线圈匝数改为 $N_T = N_R = 60$（图 7.10(a)），则自谐振频率为 11.604 MHz，即偏离电源频率，系统处于不谐振状态，此时负载电压畸变，且有效值非常低，电能无法有效地无线传输；若将线圈匝数改为 $N_T = 41$ 和 $N_R = 60$（图 7.10(b)），即仅发射线圈满足谐振条件时，负载电压升高，但仍较小；若将线圈匝数改为 $N_T = 60$ 和 $N_R = 41$（图 7.10(c)），即只有接收线圈满足谐振条件时，负载电压比仅发射线圈满足谐振条件时进一步升高，但仍较小；仅当线圈匝数改为 $N_T = N_R = 41$（图 7.10(d)），即系统处于谐振状态时，负载电压才达到设计值。

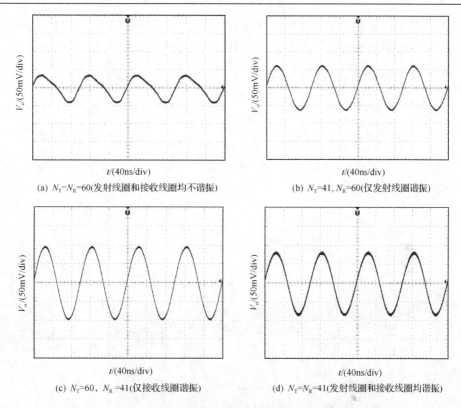

(a) $N_T = N_R = 60$(发射线圈和接收线圈均不谐振)　　　　(b) $N_T = 41, N_R = 60$(仅发射线圈谐振)

(c) $N_T = 60, N_R = 41$(仅接收线圈谐振)　　　　(d) $N_T = N_R = 41$(发射线圈和接收线圈均谐振)

图 7.10　$D = 5cm$ 时线圈从不谐振到谐振时的负载输出电压

7.2　频率跟踪式谐振无线电能传输系统的设计

7.2.1　系统结构

频率跟踪式谐振无线电能传输系统是为了解决系统谐振频率的失谐问题，结构如图 7.11 所示。主要包括高频发射源、谐振耦合电路、频率跟踪控制器和负载。

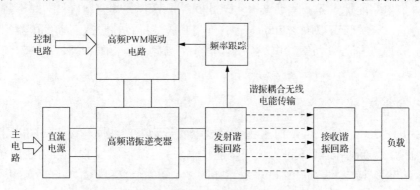

图 7.11　频率跟踪式谐振无线电能传输系统结构

直流电源经高频谐振逆变器逆变为交流电，输入到发射回路，发射回路和接收回路谐振，将能量无线传递到负载，频率跟踪控制电路反馈发射线圈的频率信息，使得系统输入阻抗保持为纯阻性。

7.2.2　系统设计

1. 双管 E 类 LLC 谐振逆变器

该频率跟踪式谐振无线电能传输系统中，谐振频率设计为 1MHz，因而可以采用双管 E 类 LLC 谐振逆变器作为高频谐振逆变器[8]，如图 7.12 所示。

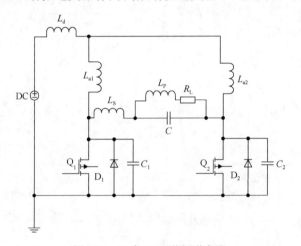

图 7.12　E 类 LLC 谐振逆变器

参见图 7.12，双管 E 类 LLC 谐振逆变器利用串联电感 L_{a1}、L_{a2} 与开关管两端并联电容 C_1、C_2 发生串联辅助谐振，使得开关管实现零电压、零电流开通与关断，这样，可使软开关电路不影响负载的工作，从而改善负载的适应性。而负载由电感 L_P 和电阻 R_L 组成，同时，L_S、L_P 和电容 C 构成 LLC 谐振电路，起到变流的目的。该电路的优点是：辅助谐振实现软开关，且开关管驱动信号之间不需要留死区时间，开关管可以频繁启动，适用于高频的情况；在没有高频变压器的情况下，由于 LLC 谐振使负载端电流变大，消除了高频变压器的损耗，同时起到了变流的作用。

2. 主电路

参见图 7.12，双管 E 类 LLC 谐振逆变器负载为发射线圈和接收线圈，因而可得到图 7.13 的频率跟踪式谐振无线电能传输系统主电路，此时，发射线圈 L_T 和电容 C_T 与 L_S 构成发射端 LLC 串联谐振回路，等效于 L_T 和 L_S 并联后与电容 C_T 串联谐振；接收线圈 L_R、电容 C_R 和负载 R_L 构成接收端 LC 串联谐振回路。

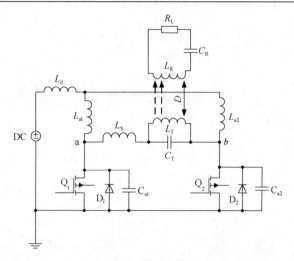

图 7.13　系统主电路

在一个开关周期内，系统主电路有 8 个工作模态，如图 7.14 所示。

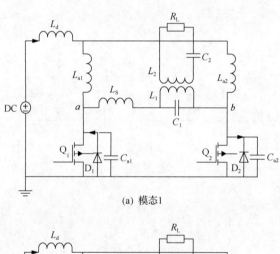

(a) 模态1

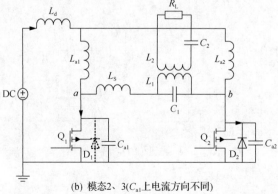

(b) 模态2、3(C_{a1}上电流方向不同)

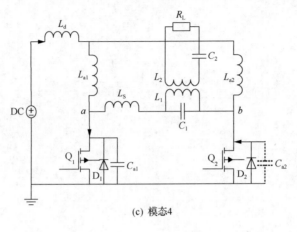

(c) 模态4

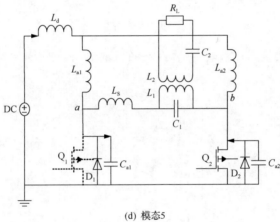

(d) 模态5

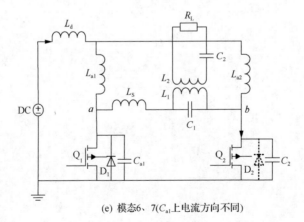

(e) 模态6、7(C_{a1}上电流方向不同)

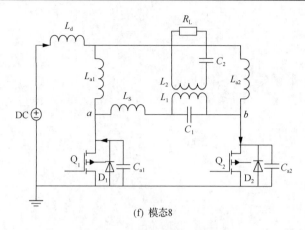

(f) 模态8

图 7.14　主电路的工作模态

参见图 7.13，主电路各参数如下[8, 9]。

(1) 发射端输入电压基波最大值 U_{ab1}

$$U_{ab1} = \left| \frac{4V_{DC}}{k_f^2 - 1} \cos(\frac{1}{2}\pi k_f) \right| \tag{7-17}$$

式中，V_{DC} 为逆变器输入直流电压 DC；k_f 为系统谐振频率与逆变器辅助串联谐振回路固有谐振频率之比。

(2) 发射端最大输入电流 $i_{ab\,max}$

$$i_{ab\,max} > \frac{2P_{ab\,max}}{U_{ab1}} \tag{7-18}$$

式中，$P_{ab\,max}$ 为要求输入的最大功率。

(3) 发射端 LLC 串联谐振回路电感

$$\gamma = \frac{L_S}{L_T} = \frac{U_{ab1}}{\sqrt{2 \cdot P_{ab\,max} \cdot R_{RF}}} \tag{7-19}$$

式中，U_{ab1} 为 a、b 两端基波电压的有效值；R_{RF} 为接收回路的反射电阻。

(4) 发射端回路品质因数的最小值和最大值

$$Q_{min} = \frac{\gamma}{\sqrt{(\dfrac{i_{ab\,max} \cdot U_{ab1}}{2P_{ab\,max}})^2 - 1}} \tag{7-20}$$

$$Q_{\max} = \frac{\gamma^2 \cdot U_{\mathrm{CT\,max}}}{U_{\mathrm{ab1}}(1+\gamma)} \tag{7-21}$$

式中，$U_{\mathrm{CT\,max}}$ 为电容 C_{T} 上的电压幅值。

(5) 发射端回路谐振线圈参数

$$C_{\mathrm{T}} = \frac{1}{2\pi f \cdot R_{\mathrm{RF}} \cdot Q} \tag{7-22}$$

$$L_{\mathrm{T}} = \frac{Q \cdot (1+\gamma) \cdot R_{\mathrm{RF}}}{2\pi f \cdot \gamma} \tag{7-23}$$

$$f_{\mathrm{T}} = \frac{1}{2\pi \sqrt{\dfrac{L_{\mathrm{T}} \cdot L_{\mathrm{S}}}{L_{\mathrm{T}} + L_{\mathrm{S}}} \cdot C_{\mathrm{T}}}} \tag{7-24}$$

$$L_{\mathrm{S}} = \gamma L_{\mathrm{T}} \tag{7-25}$$

式中，$Q_{\min} < Q < Q_{\max}$；f 为系统的谐振频率；f_{T} 为发射端回路的固有谐振频率。

(6) 接收端回路谐振线圈参数

$$f_{\mathrm{R}} = \frac{1}{2\pi \sqrt{L_{\mathrm{R}} C_{\mathrm{R}}}} \tag{7-26}$$

式中，f_{R} 为接收端回路的固有谐振频率。

(7) 开关管两端峰值电压 U_{DSm}

$$U_{\mathrm{DSm}} = \frac{\pi V_{\mathrm{DC}}}{k_f} \tag{7-27}$$

(8) 逆变器辅助串联谐振回路参数

参见图 7.13，逆变器辅助串联谐振回路等效电路如图 7.15(a) 所示，图中，$L_{\mathrm{a}} = L_{\mathrm{a1}} + L_{\mathrm{a2}}$，$C_{\mathrm{a}} = C_{\mathrm{a1}} = C_{\mathrm{a2}}$，$L_{\mathrm{eq}}$ 和 R_{eq} 为发射端 LLC 谐振回路的等效电抗和阻抗，进一步的简化电路如图 7.16(b) 所示。

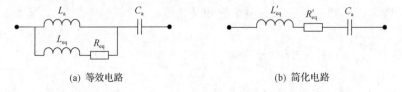

(a) 等效电路　　　　　　　　　　　　　(b) 简化电路

图 7.15　逆变器辅助串联谐振回路

L_{eq} 和 R_{eq} 分别为

$$L_{eq}(\omega) = \mathrm{Im}(Z(\omega)) = \frac{L_T^2 L_S C_T^2 \omega^4 + (L_S R_{RF}^2 C_T^2 - L_T^2 C_T - 2L_T L_S C_T)\omega^2 + (L_T + L_S - R_{RF}^2 C_T)}{L_T^2 C_T^2 \omega^4 + (R_{RF}^2 C_T^2 - 2L_T C_T)\omega^2 + 1}$$

(7-28)

$$R_{eq}(\omega) = \mathrm{Re}(Z(\omega)) = \frac{R_{RF}}{L_T^2 C_T^2 \omega^4 + (R_{RF}^2 C_T^2 - 2L_T C_T)\omega^2 + 1}$$

(7-29)

其中，

$$Z(\omega) = j\omega L_S + \frac{1}{\dfrac{1}{R_{RF} + j\omega L_T} + j\omega C_T} = \mathrm{Re}(Z(\omega)) + j\mathrm{Im}(Z(\omega))$$

(7-30)

L'_{eq} 和 R'_{eq} 分别为

$$L'_{eq}(\omega) = \mathrm{Im}(Z'(\omega)) = \frac{(L_a L_{eq}^2 + L_a^2 L_{eq})\omega^2 + L_a R_{eq}^2}{(L_a + L_{eq})^2 \omega^2 + R_{eq}^2}$$

(7-31)

$$R'_{eq}(\omega) = \mathrm{Re}(Z'(\omega)) = \frac{L_a^2 R_{eq} \omega^2}{(L_a + L_{eq})^2 + R_{eq}^2}$$

(7-32)

其中，

$$Z'(\omega) = \frac{(j\omega L_{eq} + R_{eq}) \cdot j\omega L_a}{R_{eq} + j\omega(L_{eq} + L_a)} = \mathrm{Re}(Z'(\omega)) + j\mathrm{Im}(Z'(\omega))$$

(7-33)

则辅助串联谐振频率为

$$f_a = \frac{1}{2\pi\sqrt{L'_{eq} C_a}}$$

(7-34)

进而由式 (7-31) 和式 (7-34) 可得 C_a 为

$$C_a = \frac{1}{(2\pi f_a)^2 L'_{eq}} = \frac{(L_a + L_{eq})^2 \omega^2 + R_{eq}^2}{(2\pi f_a)^2 [(L_a R_{eq}^2 + L_a^2 R_{eq})\omega^2 + L_a R_{eq}^2]}$$

(7-35)

3. 控制电路

频率跟踪控制电路如图 7.16 所示，主要包括差分电流检测、相位补偿锁、锁相电路和 PWM 驱动器。

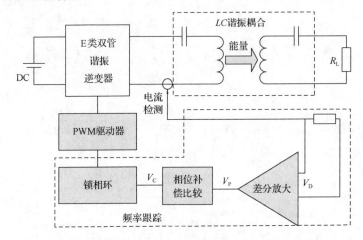

图 7.16   控制电路

(1)差分电流检测电路如图 7.17 所示。高频电流经电流互感器和检测电阻 R 后，变成电压信号输出，经过差动运放后再接入相位补偿电路。根据差分放大电路原理，可得 $R_3=R_4=10\text{k}\Omega$，$R_5=R_6=100\text{k}\Omega$，这里使用频率特性较好的 LM318 运算放大器。

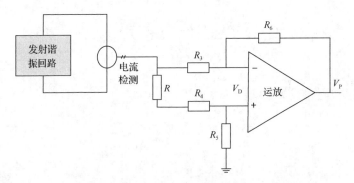

图 7.17   差分电流检测电路

(2)相位补偿电路如图 7.18 所示。由于电流采样、锁相跟踪、隔离驱动及 MOSFET 通断等会导致时延，使双管 E 类 LLC 谐振逆变器出现谐振电压滞后于谐振电流的问题，从而使得逆变器工作在容性状态[10]。因此，需要对系统进行相位补偿，使逆变器工作在准谐振状态，从而使尽可能多的能量被接收端负载吸收。

图 7.18 中，V_P 为电流检测后的差分放大电压，整流后作为相位补偿的参考电压 V_{ref}，V_{ref} 随检测电流成正比变化，保证补偿相位不随检测电流的波动而波动。调节可调电阻 R_P 就可调节 V_{ref}，从而灵活调节 Δt，实现相位补偿。这里比较器采用的是 LM311 运算放大器。

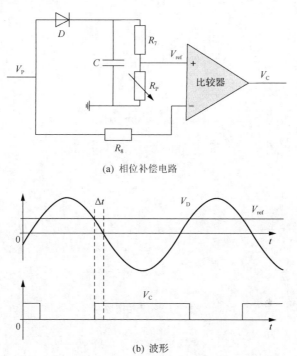

(a) 相位补偿电路

(b) 波形

图 7.18　相位补偿电路及波形

(3)锁相电路，采用 74HC4046 芯片，如图 7.19 所示。R_8、R_9、C_8、D_4 组成自启动电路；VCO 中心频率由 11 脚所接电阻 R_{11} 及电容 C_3 确定；12 脚所接电阻 R_{12} 用来确定锁相环偏移频率，当该电阻减小时，偏移频率增加，即锁相范围变大。锁相环输出脉冲 VCO_{out} 与其输入脉冲 V_C 进入鉴相器 PC2 进行比较，当两者存在相位差时，PC2 输出一个电压信号，此电压控制 9 脚输入，从而改变 VCO 振荡频率，使 VCO_{out} 频率不断接近 V_C，直到两者相位一致，锁相环输入与输出同步，实现频率跟踪。

(4)PWM 驱动器，选择 TI 的高速驱动芯片 UCC27325。工作电源为 4～15V，输出电流峰值为 4A，工作温度为-40～105°C，能快速驱动 MOSFET，且具有两路输出。电气隔离主要通过高速光耦 6N137 和高速驱动芯片组成的隔离驱动电路实现，如图 7.20 所示。

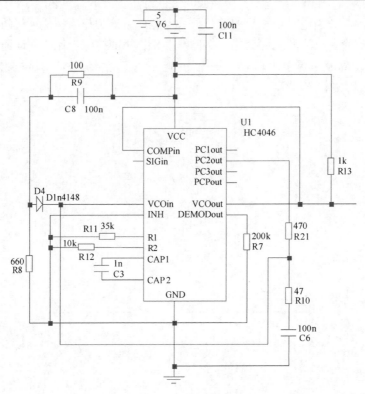

图 7.19　锁相电路

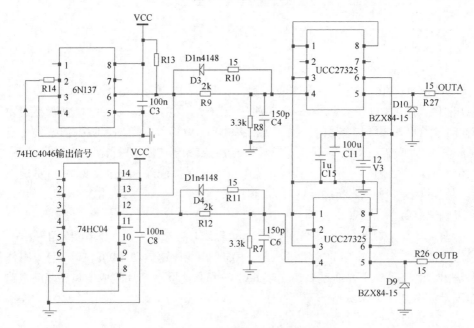

图 7.20　高速光耦隔离 PWM 驱动器

7.2.3 仿真和实验

1. 主电路参数

根据 7.2.2 节的系统设计过程和方法，在技术要求为 $V_{dc}=30V$，$f=1MHz$，$f_a=1.25MHz$，$P_{max}=P_{ab\,max}=100W$，$U_{CTmax}=1000V$，$R_{RF}=0.5\Omega$，$i_{ab\,max}=8A$，$k_f=0.8$ 的条件下，设计了一台频率跟踪式谐振无线电能传输系统，系统主电路参数为：$U_{ab}=U_{in}=100.95V$；$i_{ab\,max}>1.981A$；$\gamma\approx10$；$Q_{min}=2.58$，$Q_{max}=90.8$，选取 $Q=30$；$L_S=23.58\mu H$；$U_{DSm}\approx120V$；$C_T=12nF$，$L_T=2.35\mu H$；$L_R=25\mu H$，$C_R=1nF$；$R_{eq}(\omega)=44.7\Omega$；$L_{eq}=2.66\mu H$；$C_{a1}=C_{a2}=C_a=2nF$，$L_{a1}=L_{a2}=0.5L_a\approx5\mu H$。功率开关管选用 IRF840 的 MOSFET 管，额定电流为 8A，额定电压为 500V。

2. 仿真分析

频率跟踪式谐振无线电能传输系统仿真电路如图 7.21 所示。由于 SIMetrix 数据库中 UCC27325 及 6N137 的模型可以利用理想的电压放大器来描述，因此，这里

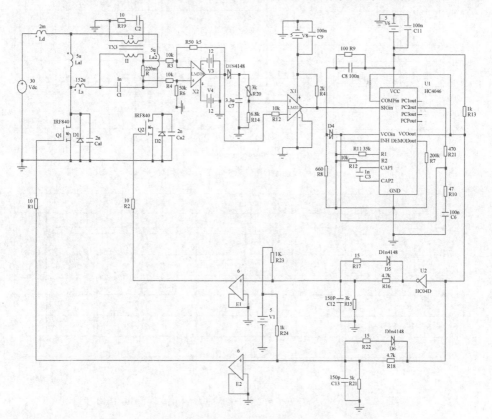

图 7.21 频率跟踪式谐振无线电能传输系统仿真电路

采用电压放大器 E_1 和 E_2 来进行仿真，各电阻、电容参数见图中所示。

图 7.22 为系统失谐和谐振情况下的 u_{in} 和 u_C 的仿真波形，根据两电压之间的

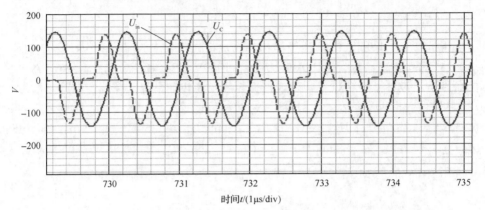

(a) u_{in} 超前 u_C 的相位等于74°的非谐振情况(f_T=0.99MHz)

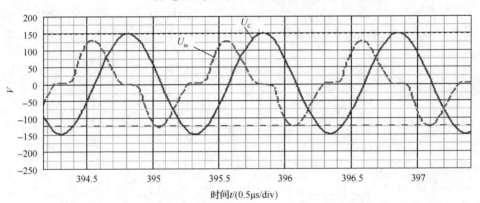

(b) u_{in} 超前 u_C 的相位等于90.6°的谐振情况(f_T=1MHz)

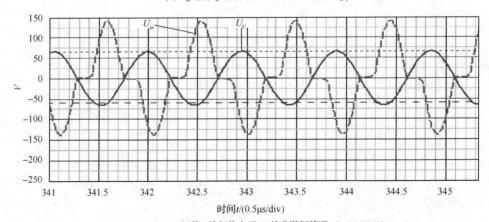

(c) u_{in} 超前 u_C 的相位大于90°的非谐振情况(f_T=1.050MHz)

图 7.22　失谐和谐振情况下 u_{in} 与 u_C 变化关系

相位差，可以判断发射线圈是否工作在谐振状态。当 u_{in} 超前 u_C 的相位小于 90°时，系统工作在非谐振状态，且电压波形出现畸变，如图 7.22(a) 所示；当 u_{in} 超前 u_C 的相位等于 90°时，系统工作在谐振状态，但为了避免谐振电容及开关管承受过高的电压，一般设计时会使电路工作在偏感性状态，此时，u_{in} 超前 u_C 的相位差将会大于 90°，如图 7.22(b) 所示；当 u_{in} 超前 u_C 的相位大于 90°时，系统工作在非谐振状态，电压波形也出现畸变，如图 7.22(c) 所示。仿真说明了当发射线圈固有频率发生变化，与电源频率不一致时，会出现失谐现象，而频率跟踪控制将改变电源工作频率，使其与发射线圈的固有谐振频率相等，从而保证谐振无线电能传输的性能。

7.2.4　实验分析

实验电路参数与图 7.21 仿真电路相同。设定频率跟踪范围为 0.99MHz～1.1MHz，测得不同发射线圈频率下锁相环 74HC4046 的输出 VCO_{out} 和相位补偿器的信号 V_C，如图 7.23 所示。从图中可见，VCO_{out} 能较好地跟踪 V_C，从而保证 VCO_{out} 准确调节 PWM 驱动信号的输出，改变双管 E 类 LLC 谐振逆变器的工作频率，实现谐振频率的跟踪，控制过程参见图 7.19。

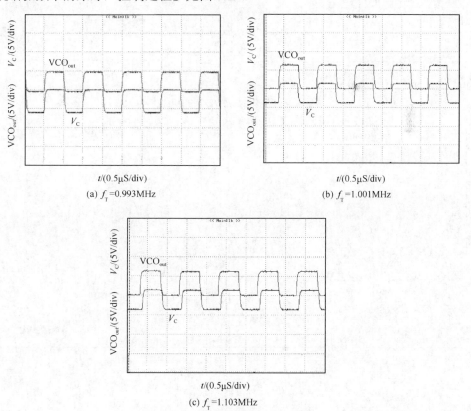

(a) f_T=0.993MHz

(b) f_T=1.001MHz

(c) f_T=1.103MHz

图 7.23　锁相控制器频率跟踪特性

　　图 7.24～图 7.26 为系统失谐和谐振情况下的 u_{in} 和 u_C 的实验波形以及接收线圈负载上的输出电压 u_o。从图中可见，实验结果与图 7.22 的仿真分析相符，当系统谐振时(图 7.25)，负载上的电压最大，电压、电流的波形最好，说明无线电能传输的功率最大，且效果最好；而系统失谐时(图 7.24 和图 7.26)，电压、电流的波形畸变，负载上的输出电压减小。在系统失谐的情况下，频率反馈控制将 u_{in} 和 u_C 的相位差恢复到 90°，维持谐振，恢复负载输出电压，保证了无线电能的传输。

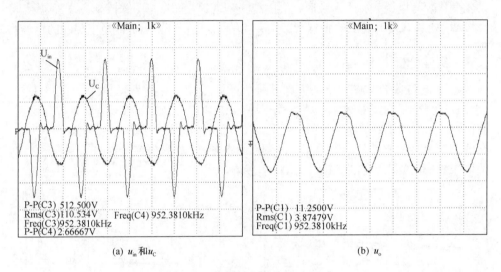

(a) u_{in} 和 u_C　　　　　　　　　　　　　　(b) u_o

图 7.24　失谐情况 (f_T=0.95MHz)

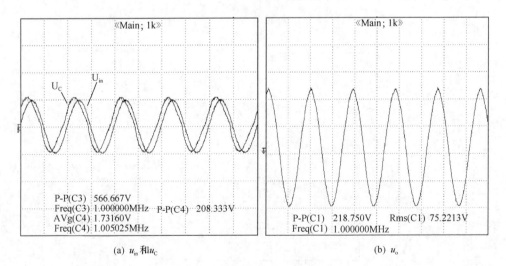

(a) u_{in} 和 u_C　　　　　　　　　　　　　　(b) u_o

图 7.25　谐振情况 (f_T=1MHz)

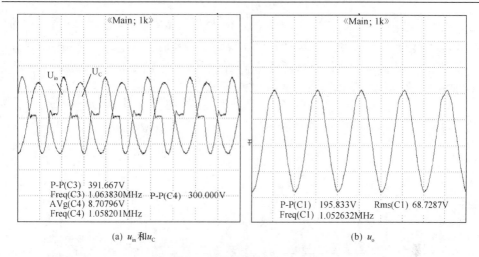

(a) u_{in} 和u_C　　　　　　　　　(b) u_o

图 7.26　失谐情况 (f_T =1.05MHz)

7.3　多负载谐振无线电能传输系统的设计

7.3.1　系统构成

多负载谐振无线电能传输系统的基本构架如图 7.27 所示，其中，高频功率源包括 220V 交流电、AC/DC 整流器和高频 DC/AC 变换器；发射端包括一个发射线圈及其谐振电路；接收端包括多个接收线圈及其谐振电路和负载。220V 交流电经过 AC/DC 整流器转换成直流，再经过高频 DC/AC 变换器转换成高频交流电，发射端谐振回路再将此高频交流电通过谐振耦合发射给多个接收谐振回路，从而将能量传递给负载，完成多负载的无线电能传输。

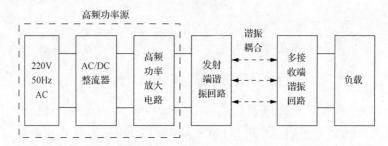

图 7.27　多负载谐振耦合无线电能传输系统

7.3.2　高频功率放大电路的设计

高频功率源中的 AC/DC 变换器直接采用二极管全桥不可控整流器，高频功率放大电路采用 E 类功率变换器，如图 7.28 所示。图中的功率开关管 T 采用 MOSFET

管，L_0 是大电感，用来保持输入为恒流，C_0 为包括 MOSFET 管的结电容和外加电容，辅助实现谐振，使 MOSFET 管实现零电压开通；L_T、C_T 为发射线圈的自感和谐振电容；R_{RF} 为接收线圈谐振运行时的等效反射电阻和发射线圈内阻之和。E 类功率变换器输出电压波形，如图 7.29 所示。

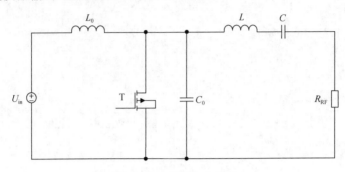

图 7.28　E 类功率变换器

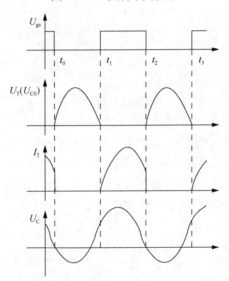

图 7.29　E 类功率变换器输出电压

　　E 类功率变换器的品质因数为 $Q_{RF}=\omega L_T/R_{RF}$，当 Q_{RF} 过低时，MOSFET 管的漏极电压在关断时刻没有下降到零，将出现大电流和高电压的情况，烧坏 MOSFET 管；当 Q_{RF} 过高时，会使 MOSFET 的漏极电压下降到负值，将造成开关管反向击穿。因此，Q_{RF} 的选取需要满足一定的要求，根据文献，Q_{RF} 的选取范围一般情况取 5～10[11]。根据 Q_{RF}，可以设计变换器主要参数如下：

$$L_T=\frac{Q_{RF}R_{RF}}{2\pi f} \tag{7-36}$$

$$C_T = \frac{1}{2\pi f Q_{RF} R_{RF}} \left(1 + \frac{1.110}{Q_{RF} - 1.7879} \right) \tag{7-37}$$

$$C_0 = \frac{0.1836}{2\pi f R_{RF}} \left(1 + \frac{0.81 Q_{RF}}{Q_{RF}^2 + 4} \right) \tag{7-38}$$

根据式(7-36)~式(7-38)，当 f=1MHz，Q_L 选取为 8.9 时，L_T=5.893μH，C_T=4.98nF，C_0=7.65nF，MOSFET 选用 IRF840，其额定电压、额定电流分别为 500V、8A，相应驱动电路选取 TC4420。

7.3.3 主电路设计

图 7.30 为设计的多负载谐振无线电能传输系统的主电路，包括 2 个接收线圈和 2 个负载。

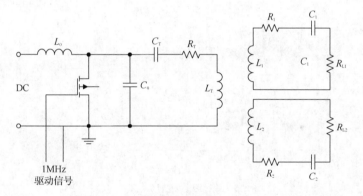

图 7.30 多负载谐振无线电能传输系统主电路

线圈参数的设计参见 7.1.4 节，采用的线圈导线半径为 1.06mm，发射线圈和接收线圈的设计参数如表 7.2 所示，表中还给出了线圈电感的设计值与实测值的比较，由此可以看出，参数设计值与实测值基本吻合，误差在 5%以内。对多于 2 个负载接收线圈的谐振无线电能传输系统，可采用同样的设计方法。

表 7.2　线圈的设计参数和实测结果对比（频率谐振为 1MHz）

参数	发射线圈	接收线圈 1	接收线圈 2
线圈半径 r/cm	7	8	8
匝数 N	4	7	7
线圈电感计算值 L/μH	6.066	20.082	20.082
线圈电感实测值 L/μH	5.893	19.41	19.14
线圈电阻 R/Ω	0.6789	1.4426	1.4426

7.3.4 实验验证

归纳以上设计得出的系统实验参数如下：①E 类功率变换器，谐振频率为 f=1MHz，L_0=2mH，C_0=7.65nF；②发射端，L_T=5.893μH，C_T=4.98nF，Q_{RF}=8.9，R_{RF}=4.1789Ω；③接收端 1，L_1=19.41μH，C_1=1.305nF，R_1=1.4426Ω，R_{L1}=3Ω；④接收端 2，L_2=19.14μH，C_2=1.323nF，R_2=1.4426Ω，R_{L2}=3Ω。

1. 发射端输入电压和输入电流

图 7.31 为 E 类功率变换器的输出电压和输出电流波形，即发射端输入电压和输入电流的波形，从图中可见，电压与电流同相位，处于谐振状态。

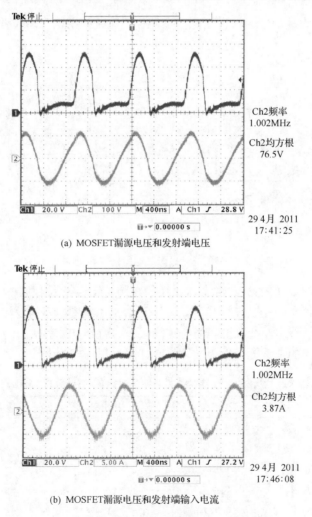

(a) MOSFET 漏源电压和发射端电压

(b) MOSFET 漏源电压和发射端输入电流

图 7.31　发射端输入电压和输入电流的波形

2. 负载接收电能分析

1）两个接收线圈分别处于发射线圈的两侧

图 7.32 为两个接收线圈分别处于发射线圈两侧，距离均为 10cm 和 15cm 时的两个负载上的电压波形。由图 7.32(a)和(b)可见，两个接收线圈的负载电压基本相同，且输出功率大于一个接收负载的情况。

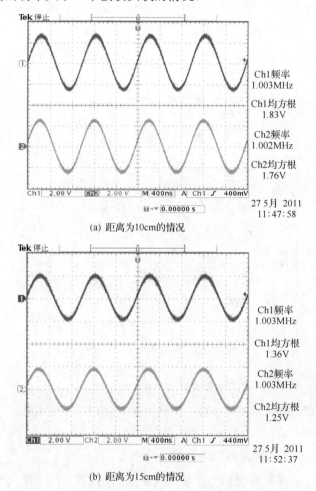

(a) 距离为10cm的情况

(b) 距离为15cm的情况

图 7.32　两个接收线圈处于发射线圈两侧时的负载电压
(Ch1 为负载 1；Ch2 为负载 2)

2）两个接收线圈处于发射线圈同侧重叠

图 7.33 为两个接收线圈处于发射线圈同侧重叠，距离为 10cm 和 15cm 时的两个负载上的电压波形。由图 7.33(a)和(b)可见，两个接收线圈的负载电压有差

别，表明两个接收线圈之间有相互影响。

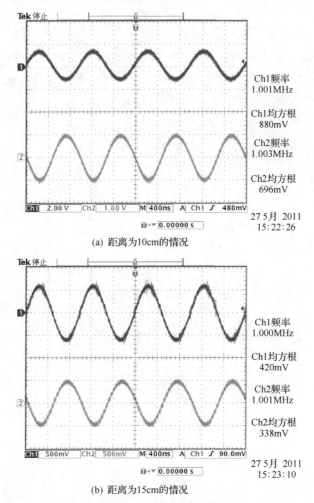

(a) 距离为10cm的情况

(b) 距离为15cm的情况

图 7.33　两个接收线圈处于发射线圈同侧重叠时的负载电压
(Ch1 为负载 1；Ch2 为负载 2)

3)两个接收线圈处于发射线圈同侧不重叠

图 7.34 为两个接收线圈处于发射线圈同侧，且接收负载 1 距离发射线圈分别为 10cm、15cm 和 20cm，而接收负载 2 距离发射线圈分别为 20cm、30cm 和 40cm 时，两个接收负载上的电压波形。由图 7.34(a)、(b)和(c)可见，距离发射线圈更远的接收负载 2 的电压高于距离较近的接收负载 1 的电压，说明接收负载 1 对于接收负载 2 来说是一个发射源，相当于接收负载 2 有两个线圈供电，因此获得的输出电压相对较高。

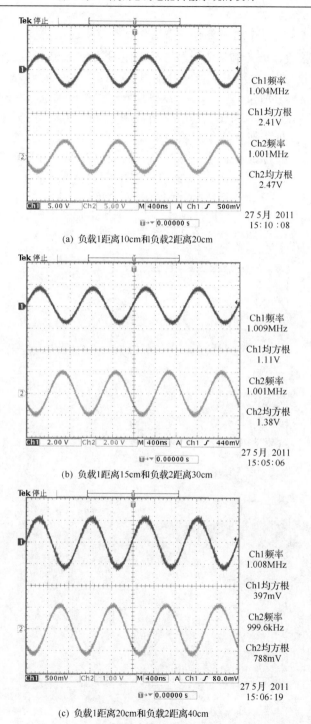

(a) 负载1距离10cm和负载2距离20cm

(b) 负载1距离15cm和负载2距离30cm

(c) 负载1距离20cm和负载2距离40cm

图 7.34　两个接收线圈处于发射线圈同侧不重叠时的负载电压
(Ch1 为负载 1；Ch2 为负载 2)

4) 一个接收线圈为中继回路和一个接收线圈接负载

图 7.35 为接收线圈 1 和接收负载 2 处于发射线圈同侧，且接收线圈 1 不接负载，仅作为中继回路，距离发射线圈分别为 10cm、15cm 和 20cm，接收负载 2 同侧，距离发射线圈分别为 20cm、30cm 和 40cm 时的负载电压和发射线圈电流的波形。从图 7.35(a)、(b) 和 (c) 中可以发现，在相同距离的情况下，与图 7.34 所示的两个接收线圈处于发射线圈同侧不重叠时相比，负载 2 上的输出电压要大，例如，接收负载距离为 20cm，负载电压最大值接近 2.9V，而图 7.34(a) 为 2.47V；接收负载距离为 30cm，负载电压最大值接近 1.4V，而图 7.34(a) 为 1.38V；接收负载距离为 30cm，负载电压最大值接近 0.54V，而图 7.34(a) 为 0.397V，说明中继回路起到提高传输距离的作用。此外，随着距离增加，发射线圈电流也会增加，说明中继回路具备一定的保持输出功率恒定的功能。

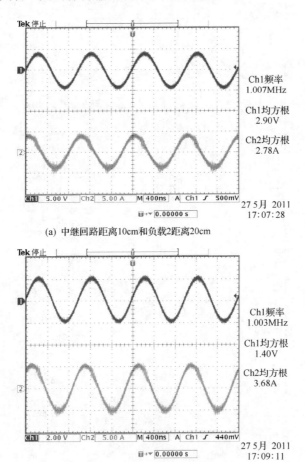

(a) 中继回路距离10cm和负载2距离20cm

(b) 中继回路距离20cm和负载2距离30cm

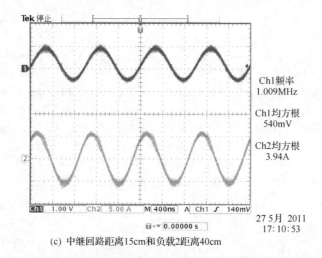

(c) 中继回路距离15cm和负载2距离40cm

图 7.35　一个中继回路和一个负载的负载电压和发射线圈电流

(Ch1 为负载电压；Ch2 为发射线圈电流)

7.4　本　章　小　结

本章介绍了 3 种不同的谐振无线电能传输系统的设计过程和方法，四线圈谐振无线电能传输系统是最基本的一种类型，其工作频率高，因此采用 10MHz 的场效应双管推挽式功率放大电路作为供电电源，其中高频变压器、发射线圈和接收线圈的设计十分关键，仿真和实验验证了谐振与非谐振无线电能传输的差异性；频率跟踪式谐振无线电能传输系统可以实现谐振频率的动态控制，采用了 1MHz 的双管 E 类 LLC 谐振逆变器作为供电电源，设计了相应锁相环控制，实现了电源频率跟踪发射线圈的谐振频率变化的闭环控制，保证了系统始终处于谐振状态，仿真和实验验证了谐振和失谐无线电能传输的差异性；两负载谐振无线电能传输系统是多负载谐振无线电能传输系统的一个特例，采用了 1MHz 的 E 类功率变换器作为供电电源，通过两个负载在不同位置时的设计，仿真和实验验证了无线电能传输的性能。

参 考 文 献

[1] 康华光, 陈大钦, 张林. 电子技术基础模拟部分[M]. 第 5 版. 北京: 高等教育出版社, 2007.

[2] Kurs A, Karalis A, Moffatt R, et al. Wireless power transfer via strongly coupled magnetic resonances[J]. Science, 2007, 317(5834): 83-86.

[3] Grover F. Inductance Calculations[M]. ser. Dover phoenix editions. New York: Dover publications, Incorporated, 2004.

[4] 刘修泉, 曾昭瑞, 黄平. 空心线圈电感的计算与实验分析[J]. 工程设计学报, 2008, 15(2): 153.

[5] Bieler T, Perrottet M, Nguyen V, et al. Contactless power and information transmission[C]. Proceedings of Industry Application Conference, Chicago, 2001, 1(5): 83-88.

[6] Conway J T. Inductance calculations for noncoaxial coils using bessel functions[J]. IEEE Transactions on Magnetic, 2007, 43(3): 1023-1034.

[7] 傅文珍, 张波, 丘东元, 等. 自谐振线圈耦合式电能无线传输的最大效率分析与设计[J]. 中国电机工程学报, 2009, 29(18): 21-26.

[8] 董文辉. 一种新颖的双管超高频感应加热电源电路拓扑结构的研究[D]. 杭州: 浙江大学, 2006.

[9] 刘磊. 一种应用于感应加热的高频谐振电路研究[D]. 杭州: 浙江大学, 2007.

[10] 熊腊森, 全亚杰. CD4046 锁相环在感应加热电源中的应用[J]. 电焊机, 2000, 6(14): 14-16.

[11] 胡长阳. D 类和 E 类开关模式功率放大器[M]. 北京:高等教育出版社, 1985.

第 8 章　无线电能传输的电磁场环境

本章介绍了无线电能传输的电磁环境标准、导则以及电磁辐射和电磁场强度的测量方法。由于目前对无线电能传输的电磁环境的研究还不够完善，只能采用特例的方式进行介绍。首先，介绍了无线充电技术的主要国际标准以及由 ICNIRP 标准给出的各个频段的辐射基本限值；其次，用 2 个例子介绍了无线电能传输系统电磁辐射的测量过程和方法；最后，用 3 个例子介绍了无线电能传输系统电磁辐射对生命体的影响，并且对目前开始产业化的电动汽车、手机无线充电的电磁环境进行了分析。

8.1　概　　述

磁感应和谐振无线电能传输技术必然会涉及电磁场环境问题，尽管目前的研究还没有给出确切的结论，但在中高频电磁场的无线电能传输情况下，是否有一部分电磁能量会辐射到系统外部的一些物体，例如人体、墙体以及周围环境，使其中的生命体受到超过安全限值的电磁辐射，是必须考虑的实际问题。此外，感应无线电能传输技术与谐振无线电能传输技术的原理不同，前者基本属于变压器范畴，电磁环境与电磁兼容问题可以参照变压器进行分析；后者基于能量耦合原理，电磁场只是与能量相关的一个影响因素，即在电磁场较小的情况下，也能有效地无线传输电能。因此，它的电磁环境和电磁兼容问题必须重新认识和研究。

香港城市大学的学者最早开始研究感应无线充电平台的辐射问题[1~5]，并且研究出了较好的解决方案，其研究成果体现在无线充电联盟制定的 Qi 标准中。对于谐振无线电能传输技术的电磁环境问题，麻省理工学院学者在 *Science* 首发的论文中提到其实验的辐射功率大约为 5W，电场强度为 185V/m[7]，超过了 IEEE Std C95.1—2005 标准[8]中 10MHz 对应的参考值（E_{rms}= 82.38 V/m）2 倍以上[9]，随后，他们提出了一种减小辐射的方法[10]，并通过实验证明了其有效性，但实验的测试方法和结论都有待进一步验证。此外，日本名古屋工业大学、瑞士联邦理工学院的学者也对谐振无线电能传输技术的电磁兼容性进行了探索。国内学者对无线电能传输系统的电磁环境安全性的研究也处于探索阶段，只开展了体内植入线圈电磁辐射与射频信号对人体的影响[11~14]和谐振器电磁场分析[15]。

未来，随着无线电能传输技术的发展，必然会要求在传输空间的任意位置都能接收到电能，这意味着电磁场需覆盖使用者的整个活动空间。因此，电磁环境的安全性将是制约无线电能传输技术大规模应用的关键问题，也是无线电能传输技术中的瓶颈问题[9,16~18]。

8.2　无线电能传输的国际标准

目前，主要的无线充电技术标准有 3 种，分别是 Qi 标准、PMA(Power Matter Alliance)标准和 A4WP(Alliance for Wireless Power)标准。Qi 标准、PMA 标准主要针对感应无线电能传输技术；A4WP 标准主要针对谐振无线电能传输技术。表 8.1 是 3 种标准基本内容的对比[19]，从表中可见，关于电磁兼容没有在主要标准中体现，但可以根据无线电能传输的工作频段，参照现有的电磁兼容指引或标准，确定感应和谐振无线电能传输系统应符合的电磁兼容水平。

表 8.1　三种标准的对比

特征	Qi	PMA	A4WP
技术原理	电磁感应	电磁感应	磁场共振
技术特征	①收发线圈的尺寸和形状尽量一致，否则影响效率 ②收发线圈最大间隔为 2～4mm ③工作时需要利用磁铁或特殊设计来保证收发天线的精确对准 ④收发天线线圈的数量比为 1∶1	①收发线圈的尺寸和形状尽量一致，否则影响效率 ②收发线圈最大间隔为 2～4mm； ③工作时需要利用磁铁或特殊设计来保证收发天线的精确对准 ④收发天线线圈的数量比为 1∶1	①发射天线用于产生一个充电区域 ②接收天线尺寸和形状不必与发射天线完全一致 ③发射天线和接收天线间的距离可以从几毫米到十几厘米(小功率)
频率范围	110～205kHz 15～40 kHz	358 kHz	6.78MHz
工作距离	<5mm	<5mm	可以隔离 6mm 或者更多，具有空间自由度
支持功率	LPWG：5W MPWG：15W KWG：2kW	LP：5W	LP：5W MP：30W
充电效率	典型 60%～70%，最高的大于 70%		典型 50%～60%
通信方式	①带内通信(Qi)，ASK 调制，工作频率为 110～205kHz，速率为 2kbit/s ②带外通信(海尔)，WLAN，工作频率为 2.4GHz，速率为 25Mbit/s		带外通信，蓝牙 4.0(BTLE)，工作频率为 2.4GHz，速率为 125Mbit/s
优点	在发射机和接收机线圈设计完全匹配且对准的前提条件下，普通工程设计即可实现较高的充电效率，成本相对较低	使用 WiCC 卡充电，更为方便	①发射机和接收机可以自由设计，不需要严格匹配 ②能够集成多种方案，不只限于充电盘，接收端的放置朝向和距离灵活自由 ③一个发射机可以同时在较宽的范围内为多个接收机供电
商业进程	2008 年至今	2012 年至今	2012 年至今
市场化	全球推广	主要在美国市场	全球推广

表 8.2 是根据国际非电离辐射防护委员会(International Commission on Non-Ionizing Radiation Protection, ICNIRP)发布的"10GHz 范围内的时变电场和磁场的辐射基本限值"导则,规定了接触辐射的人体内电流密度的基本限值。接触限值(基本限值)分为"职业接触"和"公众接触"两种(公众接触的限值适用于消费者应用产品)。

表 8.2　10GHz 范围内的时变电场和磁场的辐射基本限值

接触特点	频率范围	头部和躯干的电流强度(mA/m²)(rms)	全身平均 SAR 值/(W/kg)	局部 SAR 值(头部和躯干)/(W/kg)	局部 SAR 值(肢体)/(W/kg)
职业接触	1Hz 以内	40			
	1kHz~4Hz	40/f			
	4Hz~1kHz	10			
	1kHz~100kHz	f/100			
	100kHz~10MHz	f/100	0.4	10	20
	10MHz~10GHz	—	0.4	10	20
公众接触	1Hz 以内	8	—		
	1kHz~4Hz	8/f	—		
	4Hz~1kHz	2	—		
	1kHz~100kHz	f/500	—		
	100kHz~10MHz	f/500	0.08	2	4
	10MHz~10GHz		0.08	2	4

注:①SAR(specific absorption rate)为比吸收率,是衡量电磁辐射的单位;②f为频率,单位为 Hz;③由于人体各部位的电特性不均匀,电流密度应为垂直于电流方向的 1cm² 内的平均值;④对于 100kHz 以下的频率,峰值电流密度基本限值可以通过均方根值(rms)乘以 $\sqrt{2}$ ($\approx$1.414)得到;对于周期为 t_p 的脉冲,其基本限值可用等效频率 $f=1/(2t_p)$;⑤对于频率高达 100kHz 的时变电场和磁场以及脉冲磁场而言,与脉冲相关的最大电流密度可通过磁通量密度上升和下降的次数以及最大变化率计算得到;感应电流密度可与基本限值进行比较;⑥所有的 SAR 值为任意 6 分钟内的平均值;⑦局部曝露 SAR 平均值为任意 10g 相邻组织内的平均量;得到的最大 SAR 值应作为辐射的估计值;⑧对于宽度为 t_p 的脉冲,其基本限值可用等效频率 $f=1/(2t_p)$;另外,对于脉冲辐射而言,在 0.3GHz~10GHz 的频率范围内,在头部局部辐射的情况下,为了限制或避免由于热膨胀导致的听力效应,建议采用额外的基本限值;对于工人而言,SAR 值不得超过 10mJ/kg,对于一般人群而言,SAR 值不得超过 2mJ/kg(10g 组织平均值)。

表 8.3 的参考等级用于评估实际的接触水平,以确定是否存在超过基本限值的情况。符合参考等级意味着仍未超过相关基本限值。然而,即使测量或计算得出的值超过了参考等级,也不一定意味着已经超过基本限值,只是一旦存在超过参考等级的情况,就有必要测试是否超过相关基本限值。

在设计无线电能传输系统时,根据表 8.1 和表 8.2 就可以计算出特定频率磁场的最大传输功率。

除了以上三种主要的无线充电技术标准外,在家用电器无线充电技术方面,还有美国消费技术协会 R6.3 无线电源分委会(Consumer Technology Association，CTA，R6.3 Wireless Power Subcommittee)、韩国电信技术协会(Telecommunications Technology Association，TTA)PG709、IEC TC100，以及由工信部电信研究院牵头制定的国内标准。在电动汽车的无线充电技术方面，还有美国汽车工程协会(Society of Automotive Engineers，SAE)、IEC TC69 和 ISOTC22，以及日本的无线电能传输工作组(Wireless Power Transmission Working Group，WPT-WG)。

表 8.3　　一般公众接触时变电场和磁场的参考等级

频率范围	电场强度 E/(V/m)	磁场强度 H/(A/m)	磁感应强度 B/μT	等值平面波功率强度 S_{eq}/(W/m^2)
1Hz 以内	—	3.2×10^4	4×10^4	—
1～8Hz	10000	$3.2\times10^4/f^2$	$4\times10^4/f^2$	—
8～25Hz	10000	$4000/f$	$5000/f$	—
0.025～0.8kHz	$250/f$	$4/f$	$5/f$	—
0.8～3kHz	$250/f$	5	6.25	—
3～150kHz	87	5	6.25	—
0.15～1MHz	87	$0.73/f$	$0.92/f$	—
1～10MHz	$87/f^{1/2}$	$0.73/f$	$0.92/f$	—
10～400MHz	28	0.073	0.092	2
400～2,000MHz	$1.375/f^{1/2}$	$0.0037/f^{1/2}$	$0.0046/f^{1/2}$	$f/200$
2～300GHz	61	0.16	0.20	10

注：①f 的单位为各行中第一栏的单位；②只要满足基本限值，并且能够排除不良的非直接影响，电场强度可以超标；③对于 100kHz~10GHz 之间的频率，S_{eq}、E^2、H^2 和 B^2 均是任意 6 分钟内的平均值；④对于 100kHz 以下的峰值见表 8.1 的注；⑤对于 100kHz~10MHz 之间的频率，电场强度的峰值是在 100kHz 峰值的 1.5 倍与 10MHz 峰值的 32 倍内通过插值法取得；对于超过 10MHz 的频率，建议峰值等效平面波功率密度(通过脉冲宽度进行平均)不要超过 S_{eq} 限值的 1000 倍，或者电场强度不超过表中列出的电场强度接触水平的 32 倍；⑥对于超过 10GHz 的频率，S_{eq}、E^2、H^2 和 B^2 均是任意 $68/f^{1.05}$ 分钟内的平均值(f 的单位为 GHz)；⑦对于 1Hz 以内的频率没有给出电场 E 的限值，实际上是静态电场；当电场强度低于 25kV/m 时不会出现表面电荷；应该避免因火花放电引起人体产生紧张或烦躁的情绪。

8.3　无线电能传输系统的电磁辐射测量

8.3.1　麻省理工学院的四线圈的系统

麻省理工学院的学者在他们提出的四线圈谐振无线电能传输系统中进行了电磁辐射的测量。该系统实现了 9.9MHz 的工作频率、2m 的传输距离以及 60W 的输出功率和 40%效率的无线电能传输[7]。

在发射谐振线圈和接收谐振线圈的中点处，测得电场有效值 E_{rms}=210V/m，磁场有效值 H_{rms}=1A/m，坡印廷矢量有效值 S_{rms}=3.2mW/cm^2；在离接收负载线圈 20cm 处，测得的电场最大值为 E_{rms}=1.4kV/m，磁场最大值为 H_{rms}=8A/m，坡印廷矢量最大值为 S_{rms}=0.2W/cm^2，这些参数的辐射功率大概是 5W，大致高于手机辐射一个数量级[7]。测量结果表明，电场强度、磁场强度随着与线圈距离的接近而增大，且发射线圈端与接收线圈端基本相同。

当改变线圈的结构时，可以有效地降低电磁辐射的强度。如呈容性的单匝线圈设计[20]，几乎可以把所有的电场都限制在电容内，并且降低系统的工作频率，将辐射功率降低至一般安全条例的要求。表 8.4 为对呈容性单匝线圈的研究结果，线圈半径为 30cm，导体截面半径为 3cm，表中结果是离接收线圈 20cm 处的最大场值和坡印廷矢量。从表中可见，当系统的谐振频率为 1MHz 时，实验中所有场值均低于 IEEE 在这个频率段的安全导则（E_{rms}=614V/m，H_{rms}=16.3A/m，S_{rms}=0.1W/cm^2），并且辐射功率低于蓝牙（100mW）和 WiFi（100mW 或更高，不同国家有不同规定）的限值[21]；当系统的谐振频率为 10MHz 时，辐射功率为 3.3W，也小于原系统在 9.9MHz 的 5W。

表 8.4　离负载线圈 20cm 处的电磁场比较

谐振频率 f_0	效率 η	E_{rms}/(V/m)	H_{rms}/(A/m)	S_{rms}/(W/cm^2)	辐射功率/W
10MHz	83%	185	21	0.08	3.3
1MHz	60%	40	14	0.04	0.005

8.3.2　两线圈系统

由于无线电能传输技术是一个正在发展阶段的技术，它的电磁辐射的测量和测试方法是否科学仍是一个需要探索的问题，对人体是否有害则取决于电磁辐射的大小，也就是磁场暴露问题。图 8.1 是一个谐振频率为 1MHz 的两线圈谐振无线电能传输系统，其原理及工作过程可参见第 7 章的内容。

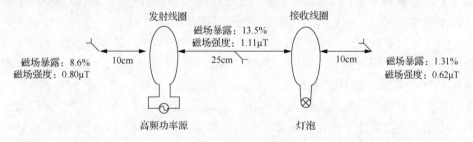

图 8.1　电磁辐射的测量

测试仪器采用德国 NARDA 公司的 ELT-400 电磁辐射分析仪。ELT-400 按照

EN50366 标准进行设计,是一种暴露级别测量仪,它可以简单而准确的在低频和中频范围内对磁场暴露百分比和磁场强度进行测量。为了对各个方向的磁场进行测量,该测量仪具有一个各向同性的 $100cm^2$ 磁场探头,可以自动对各种波形进行暴露评估。

采用 ELT-400 对图 8.1 系统的三个点进行测试,分别为发射线圈左边 10cm 处、发射线圈和接收线圈的中点处以及接收线圈右边 10cm 处。参见图 8.1,测试结果表明,发射线圈和接收线圈中间处的磁场计权暴露百分比最高,达到 13.5%;发射线圈左边 10cm 处的磁场计权暴露百分比为 8.6%,大于接收线圈右边 10cm 处 1.31% 的磁场计权暴露百分比。由此可见,两线圈的谐振无线电能传输系统的磁场辐射主要集中在两线圈之间,辐射到线圈之外的能量较小,低于危害人体的最低磁场暴露标准。此外,接收线圈对电磁能量有吸收作用,使大部分的能量被负载所接收,防止了能量被辐射到空中,这与感应无线输电技术完全不同,也说明谐振具有聚集电磁能量的作用。

此外,还对系统周围的磁场强度进行了测试,参照时变电磁场规定的参考等级限值[21, 22],系统周围环境的磁场强度低于 $1\mu T$(标准限值),说明发射线圈和接收线圈的两侧磁场强度对人体造成的危害较小。

8.4　无线电能传输系统电磁辐射对生命体的影响

除了通过检测无线电能传输系统电磁辐射的大小以及在空间的分布情况来反映无线电能传输系统的安全性以外,对无线电能传输系统在相同的电磁辐射情况下如何影响生命体的分析,也是保证系统产品安全使用的关键问题。

感应无线电能传输对生命体影响的实验始于 1960 年 7 月,哥伦比亚密苏里大学开始一项被名为"经皮能量传输"的项目,并在 1968 年发表了关于给人工心脏供电时存在电磁场长期暴露问题的动物实验论文[22]。实验中对狗和老鼠进行了电磁场长期暴露的寿命长度实验,实验工作频率为 320kHz,传输功率大概为 50W,实验结果初步表明,动物的寿命不受电磁场暴露的不利影响。

20 世纪 90 年代,日本广岛大学发表了关于植入式医疗设备经皮能量传输系统对人体的电磁辐射影响问题的仿真研究成果[23~29],仿真条件:功率为 20W,测试频率为 600kHz,软件采用 Micro-Stripes,设计的人体模型的大小相当于一个普通的日本成年男性,并只提取人体的躯干,如图 8.2 所示。仿真实验中采取改变接收线圈位置的方法,模拟电磁场变化对生物组织的影响,接收线圈分别设置在胸大肌锁骨附近(模型 1)和腋窝前锯肌肋骨附近(模型 2)。

仿真结果表明:①根据比吸收率 SAR 值的大小,对每个器官进行降序排列,在模型 1 中依次为肌肉、脂肪和骨骼;在模型 2 中依次为脂肪、肌肉和骨骼,但各部位的 SAR 值均低于 ICNIRP 标准规定的一般公众接触限值，且靠近人体表面的内部器官处的 SAR 值高于那些远离人体表面的内部器官处的 SAR 值。②根据电流强度 J 值的大小，对每个器官进行排列。在模型 1 中依次为皮肤、肌肉、脂肪、肺部和血液；在模型 2 中依次为皮肤、肌肉、肺部、脂肪和肝脏，且模型 1 中的皮肤、肌肉和脂肪，以及模型 2 中的皮肤、肌肉、肺部、脂肪和肝脏处的电流强度 J 值均超过 ICNIRP 标准规定的一般公众限值。

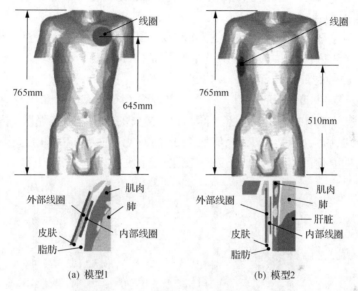

图 8.2　分析用人体模型[29]

采用四线圈结构的谐振耦合无线电能传输系统，也进行了植入线圈对人体头部影响的仿真实验[12]。在该仿真系统中，源线圈和负载线圈是由线径 1mm 的铜线绕成 3 匝、直径为 5cm 的螺旋线圈；发射线圈和接收线圈设计为方形平面螺旋线圈，自谐振频率为 11MHz。

仿真软件由 MIMICS 11.0、Geomagic Studio 11、HFSS 12 和 XFDTD 6.0 构成。仿真主要分两种情况：第一种是体外设置发射线圈，体内植入接收线圈且两线圈距离为 1cm 时，测量人体头部的 SAR 值；第二种是体外设置发射线圈，体内未植入接收线圈时，测量人体头部的 SAR 值。

仿真结果表明：①第一种情况下，10g 组织 SAR 最大值为 $9.262\,7\times10^{-6}$ W/kg；第二种情况下，10g 组织 SAR 最大值为 $3.792\,4\times10^{-5}$ W/kg。②第一种情况下，头部电场强度、磁场强度（均方根）的最大值分别为 4.64V/m 和 0.057A/m；第二种情况下，头部电场强度、磁场强度（均方根）的最大值分别为 1.73V/m 和 0.035A/m，最大 SAR 值、电场强度值和磁场强度值均低于 ICNIRP 制定的安全限值标准。

8.5　电动汽车和手机无线充电的电磁环境

8.5.1　电动汽车

目前，无线电能传输技术已在电动汽车充电中得到广泛的应用，考虑到电动汽车充电功率一般较大，以及人位于无线充电的电动汽车附近的情形，其对电磁环境的要求更加严格。

例如，对于 3.3kW、工作频率为 145kHz 的电动汽车感应无线充电桩，人体最接近电动汽车的腿部(大概距离无线充电系统 65cm)将会承受最大的电磁辐射影响，因此，腿部是最需要保护的人体部分。

仿真结果如图 8.3 所示[30]，图中，电场强度和 SAR 峰值已分别归一化为 ICNIRP 导则对电场的规定和 FCC 导则对 SAR 值的规定。结果表明，人体腿部所受到的最大电场强度和 SAR 峰值均低于导则规定的–19dB 的最大电场限值及 –36dBSAR 的峰值限值，因此，该感应无线充电桩是安全的。

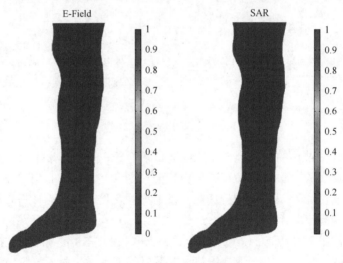

图 8.3　腿部仿真结果[30]

8.5.2　手机

手机无线充电是感应无线电能技术最早产品化的领域，电磁环境主要考虑手机无线充电时，手放在手机顶部的情形，例如，对于功率为 5W、工作频率为 6.78MHz 的手机无线充电板，仿真结果如图 8.4 所示。结果表明，最大电场值为 –20dB，低于导则的规定值，而 SAR 值则较接近导则的限值；若将工作频率变为 250kHz，结果与工作频率为 6.78MHz 的情况正好相反，电场值接近导则的限值，而 SAR 值远低于限值。因此，该感应无线手机充电板是安全的。

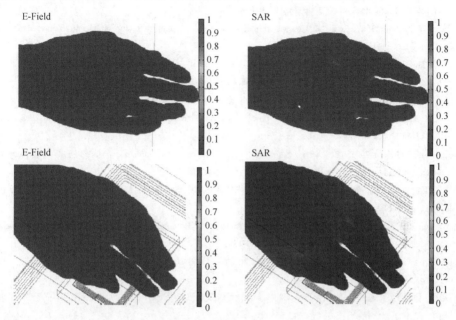

图 8.4　手部仿真结果[30]

8.5　本章小结

　　无线电能传输的电磁辐射是人们普遍关心的问题，目前，针对感应和谐振无线电能传输技术产品，国内外已经制定了相关的技术和产品标准。对于感应无线电能传输技术，由于其实质是松耦合变压器原理，因而电磁环境的分析可以参照现有变压器的方法；对于谐振无线电能传输技术，电磁环境的分析目前还处于探索阶段，且初步研究表明，谐振无线电能传输系统通过改变系统结构设计，如线圈的设计，可以有效地降低电磁辐射水平，这间接说明它是与感应无线电能传输系统不同的技术。此外，电动汽车充电和手机无线充电，只要通过精心设计，均可以完全满足电磁兼容的要求。

参 考 文 献

[1] Liu X, Hui S Y R. Equivalent circuit modeling of a multilayer planar winding array structure for use in a universal contactless battery charging platform[C]. Proceedings of Twentieth Annual IEEE Applied Power Electronics Conference and Exposition, Austin, TX, 2007.

[2] Tang S C, Hui S Y, Chung H. Coreless planar printed-circuit-board (PCB) transformers-a fundamental concept for signal and energy transfer[C]. IEEE Transactions on Power Electronics, 2000, 15(5): 931-941.

[3] Tang S C, Hui S Y R, Chung H. Coreless printed circuit board (PCB) transformers with high power density and high efficiency[J]. Electronics Letters, 2000, 36(11): 943-944.

[4] Hui S Y R, Tang S C, Chung H. Coreless printed-circuit board transformers for signal and energy transfer[J]. Electronics Letters, 1998, 34(11): 1052-1054.

[5] Liu X, Hui S Y. Simulation study and experimental verification of a universal contactless battery charging platform with Localized charging features[J]. IEEE Transactions on Power Electronics, 2007, 22(6): 2202-2210.

[6] Wireless power consortium[EB/OL]. http://www.wirelesspowerconsortium.com/cn. 2012-8-3.

[7] Kurs A, Karalis A, Moffatt R, et al. Wireless power transfer via strongly coupled magnetic resonances[J]. Science, 2007, 317(5834): 83-86.

[8] IEEE Std C95.1™—2005, IEEE standard for safetylevels with respect to human exposure to radio frequencyelectromagnetic fields, 3kHz to 300GHz[S].

[9] 周洪, 蒋燕, 胡文山, 等. 磁共振式无线电能传输系统应用的电磁环境安全性研究及综述[J]. 电工技术学报, 2016, 31(2): 1-12.

[10] Hamam R E, Karalis A, Joannopoulos J D, et al. Efficient weakly-radiative wireless energy transfer: An EIT-like approach[J]. Annals of Physics, 2009, 324(8): 1783-1795.

[11] 贾智伟, 颜国正, 石煜, 等. 基于生物安全性的无线能量传输系统发射线圈优化设计[J]. 高技术通讯, 2012, 22(8): 857-862.

[12] 赵军, 徐桂芝, 张超, 等. 磁耦合谐振无线能量传输系统头部植入线圈对人体头部电磁辐射影响的研究[J]. 中国生物医学工程学报, 2012, 31(5): 649-654.

[13] 李旦. 面向无线能量传输的射频信号在生物体内传播规律的实验研究[D]. 北京: 北京大学, 2008.

[14] 曲立楠. 磁耦合谐振式无线能量传输机理的研究[D]. 哈尔滨: 哈尔滨工业大学, 2010.

[15] 黄学良, 吉青晶, 曹伟杰, 等. 磁谐振式无线电能传输系统谐振器的电磁场分析[J]. 电工技术学报, 2013, 28(增1): 105-109.

[16] 杨庆新, 陈海燕, 徐桂芝, 等. 无接触电能传输技术的研究进展[J]. 电工技术学报, 2010, 25(7): 6-13.

[17] 范兴明, 莫小勇, 张鑫. 无线电能传输技术的研究现状与应用[J]. 中国电机工程学报, 2015, 35(10): 2584-2600.

[18] 黄学良, 谭林林, 陈中, 等. 无线电能传输技术研究与应用综述[J]. 电工技术学报, 2013, 28(10): 1-11.

[19] 吕建铭. 浅谈无线充电技术标准[J]. 今日电子, 2015(4): 40-42.

[20] Kurs A. Power transfer through strongly coupled resonances[D]. Boston: Massachusetts Institute of Technology, 2007.

[21] International Commission on Non-Ionizing Radiation Protection. Guidelines for limiting exposure totime-varying electric, magnetic, and electromagneticfields (up to 300GHz)[J]. Health Physics, 1998, 74(4):494-522.

[22] Schuder J C, Owens J H, Stephenson Jr H E, et al. Response of dogs and mice to long-term exposure to the electromagnetic field required to power an artificial heart[J]. ASAIO Journal, 1968, 14(1): 291-296.

[23] Shiba K, Shu E, Koshiji K, et al. Efficiency improvement and in vivo estimation of externally-coupled transcutaneous energy transmission system for a totally implantable artificial heart[C]. Proceedings of the 19th Annual International Conference of the IEEE Engineering in Medicine and Biology Society, Chicago, 1997.

[24] Shiba K, Shu E, Koshiji K, et al. A transcutaneous energy transmission system with rechargeable internal back-up battery for a totally implantable total artificial heart[J]. Asaio Journal, 1999, 45(5): 466-470.

[25] Shiba K, Koshiji K, Tatsumi E, et al. Analysis of specific absorption rate in biological tissue surrounding transcutaneous transformer for an artificial heart[J]. Journal of Artificial Organs, 2002, 5(2): 91-96.

[26] Shiba K, Nukaya M, Tsuji T, et al. Analysis of current density and specific absorption rate in biological tissue surrounding an air-core type of transcutaneous transformer for an artificial heart[C]. Proceedings of 28th Annual International Conference of the IEEE Engineering in Medicine and Biology Society, New York, 2006.

[27] Shiba K, Nukaya M, Tsuji T, et al. Analysis of current density and specific absorption rate in biological tissue surrounding transcutaneous transformer for an artificial heart[J]. IEEE Transactions on Biomedical Engineering, 2008, 55(1): 205-213.

[28] Shiba K, Nagato T, Tsuji T, et al. Energy transmission transformer for a wireless capsule endoscope: Analysis of specific absorption rate and current density in biological tissue[J]. IEEE Transactions on Biomedical Engineering, 2008, 55(7): 1864-1871.

[29] Higaki N, Shiba K. Analysis of specific absorption rate and current density in biological tissues surrounding energy transmission transformer for an artificial heart using magnetic resonance imaging-based human body model [J]. Artificial organs, 2010, 34(1): E1-E9.

[30] Kesler M. Highly resonant wireless power transfer: Safe, efficient and over distance[Z]. WiTricity Corporation, 2013.